飢餓信號！

一次解開身心之謎的飲食心理學

Hunger, Frust und Schokolade: Die Psychologie des Essens

米歇爾・馬赫特（Michael Macht）著
王榮輝 譯

媒體推薦語

你是不是「情感飲食者」？若心中有一絲猶豫（甚至答案是肯定的），《飢餓信號》一書必須入手！它會是指南、是陪伴，能解開身心之謎，也幫你更認識自己。

——楊馥如（大腦神經科學博士／旅義作家）

胖子決定要瘦下來才喜歡自己，獲知要先喜歡自己才會瘦，悲劇了。但在本書豐富知識翼護下，我們可以有勇氣承認討厭自己，然後不計成敗地喜歡自己。

——盧郁佳（作家）

要吃還不吃，其實是個大問題。本書以科學研究為基礎，一路帶著讀者揭開「你為何而吃？」背後的謎團，從腦、激素到情緒，從正常、失常到異常，一起來探索關於「吃」——這門既實用又食用的學問吧！

——蘇益賢（臨床心理師）

全面啟蒙，收穫與啟發性十足！

——《今日心理學》（*Psychologie Heute*）

不是傳統意義上的非虛構類書籍或指南，而是具有絕佳基礎的有趣閱讀。

——《今日營養雜誌》（*Ernährung heute Magazin*）

值得享受的心理學！

——《學習世界》（*Lernwelt*）

如果你想更了解和改變你的飲食習慣，本書是一個好的開始！

——Funklust（部落客）

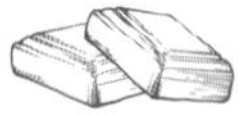

推薦序

揭開飲食與情感的神秘連結

楊馥如
（大腦神經科學博士／旅義作家）

「吃」，深深影響人的情緒：巧克力在嘴裡慢慢融化，會使嘴角上揚；舔一口冰淇淋，再壞的心情也能得救贖；肚子餓卻沒東西吃，脾氣難免不好……飲食能舒緩情感，情感會改變飲食行為，兩者雙向緊扣，食物、生理、心理有如百慕達三角，神秘的關係讓科學家殷殷探索。

讓你猜猜，除了大腦，人體中神經細胞最多、最複雜的地方是哪裡？

答案是腸道。腸神經系統（Enteric Nervous System，ENS）脈絡綿密，圍繞在食道、胃、小腸、大腸的裡裡外外，總共超過一億個神經細胞，數量比脊髓還多，僅次於大腦，因此被稱為「第二大腦」或「腹腦」。腸神經系統能獨立運作，不受中樞神經系統控制，功能不只在消化食物，其中的微生物群更左右我們的情緒，對心理健康有極大影響：腸道菌群會分泌「快樂賀爾蒙」——像是血清素和多巴胺——並沿著聯通腸與腦的軸線與大腦溝通；這些物質會影響情緒變化與心理狀態，幸福感和憂鬱感都與此相關。另外，腸道菌群也可能會「綁架」大腦，進而影響飲食行為，例如，在腸道內偏愛高油高糖和精緻澱粉的細菌增加時，大腦會無法抵抗誘惑，讓人不自主地想要攝取甜食糕餅。

心寬體胖，真是如此？

寫這篇文章的當下，我正逢回國檢疫期：十四天關在防疫旅館不能外出，四周堆滿親友們熱情補給的府城美食，閒閒沒事就想吃，保持體重是不可能的任務。全球大疫的兩年，不是有好多人在封城或隔離期間腰圍增加好幾吋？

疫情蔓延，身邊有朋友因為被關在家，遠距工作、生活壓力、家庭摩擦等種種狀況糾結，導致心情鬱悶，靠大吃大喝紓壓的結果就是身材嚴重變形，健康也受到影響；倒也有朋友安住當下、順流生活，既然不能出門，乾脆開始新生活運動，瑜伽、打坐、調息，配上飲食調理等，兩年下來，生理上脫胎換骨，心理面煥然一新。這些實例——心情愉悅、健康吃反而變瘦，心情鬱悶卻導致身體發胖——證明了「心寬體胖」這個說法必須重新被檢視。

過去兩年我則是烘焙成癮：不能出門，閒到發慌，只好天天烤麵包、做蛋糕。幸好出爐成品送人的比吞下肚子的多，合理範圍內發胖，尚可拯救；職業本能讓我對自己進行分析，發現這行為有「情感飲食者」徵兆：日常飲食習慣因情緒產生變化，吃東西不是用來止餓，而是為了應付心情。「自從人們不再為平息飢餓，而是為刺激食慾而飲食，甚至創作成千上萬的食譜只為增進飲食樂趣，飲食變成了過度飽足的負擔。」兩千年前，古羅馬哲學家塞內卡（Seneca）彷彿先知般的話語，一針見血。

《飢餓信號》這本書非常有意思，主要探討「情感飲食」之謎，從基因、賀爾蒙、行為與經驗等面向，剖析飲食與情感的神秘連結：節食人生值得活嗎？壓力山大時狂吃暴飲，其實是大自然賦予人類的天性？想吃想喝的強烈慾望，竟然是嬰幼兒期經驗造成的認知缺陷？當一個人對食物的渴望遭到壓抑，為何會出現如吸毒和酒精上癮者的戒斷症狀？情感飲食模式又是怎麼形成的？

作者米歇爾．馬赫特（Michael Macht）是治療師也是大學教授，他從飲食心理學角度出發，以淺顯易懂的文字配上實證案例，清楚呈現飢餓、情感、食物、行為、經驗等元素，其實環環相扣。坊間關於飲食和身體健康的出版品很多，談論吃喝和心理／大腦之間關係的科普書卻相對少，就算有，也是偏向學術領域的論文作品，這樣一本集結科學知識與心理教育的實用之書，因此顯得可貴。

你是不是「情感飲食者」？若心中有一絲猶豫（甚至答案是肯定的），《飢餓信號》一書必須入手！它會是指南、是陪伴，能解開身心之謎，也幫你更認識自己。下回飢餓降臨或情緒潰堤時，失控拿起食物、不自主填塞入嘴巴之前，你會為自己做出更好的選擇。

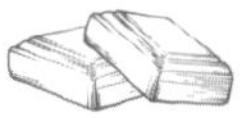

難瘦是因爲未發現自己想哭——卻以爲是餓

讀《飢餓信號！一次解開身心之謎的飲食心理學》

盧郁佳（作家）

為什麼有人肚子餓容易發脾氣？因為葡萄糖使人自制，遇享樂誘惑也能控制；低血糖飢餓就易怒且有攻擊性。然而令人安心的不只是糖。

在巴黎走進凡爾賽宮御用巧克力店，嘗一顆巧克力，先甜，後苦，接著是水果奶油餡的酸涼，歡樂令人陶醉。嬰兒打針時大哭，若在嬰兒舌頭上滴糖水，瞬間就能安撫嬰兒，因為糖刺激了大腦分泌止痛。實驗室受試者悲傷時，吃巧克力也能瞬間平復——但那塊巧克力若不好吃，就無效。美味舒緩情緒，一吃解千愁又令我們為減肥發愁。

《我們為何吃太多？全新的食慾科學與現代節食迷思》從農業、藥學、人類學解釋節食易發胖，《飢餓信號！一次解開身心之謎的飲食心理學》則是德國心理治療師、烏茲堡大學心理學教授米歇爾．馬赫特，從心理學剖析飲食模式習自各種被情緒薰染色彩的經驗，滿載驚人發現。如果孕婦吃胡蘿蔔，新生兒也會喜歡牛奶帶有胡蘿蔔味。二到五歲的受試兒童，如果吃和桌對面成人一樣的食物，就會吃更快、更久、更多，從社會模仿中養成一生的偏好，而我們不自知。失衡的飲食，可能來自早期的認知失調。

嬰兒哭鬧，有時餓了，有時尿布濕了，有時是要人抱哄。如果父母用食物安撫小孩，取代擁抱、撫摸、關愛，那麼小孩就胖。而父母會用食物來安撫小孩，往往是因為父母用飲食安撫自己。嬰兒得學習區分肚餓和情緒不舒服，但如果不餓就被餵食，干擾了學習，造成嬰兒認知缺陷。成年後也誤把情緒不舒服當成餓，直覺把食物往嘴裡猛塞。飲食習慣是秘密的個人史，讀這本書則是自我考掘的驚奇之旅。

他從卡夫卡《絕食的藝術家》看出，自願挨餓出於自我不滿。厭食症、暴食症，往往是因為受虐，被施暴、被疏忽、酗酒、父母早逝、過度保護、高成就壓力等。有些是幼兒餵食障礙（體重身高發展正常，但因早產、心臟或呼吸道問題、營養、口腔肌肉或心理問題，抗拒餵食）、腸胃問題、家人吃飯吵架、感覺混亂。有百分之六到十六的成年受訪者表示幼年曾遭性虐待，導致飲食失控。有人在戒斷時雙手發抖，感覺發熱或畏寒，有人半夜被想吃巧克力的衝動驚醒，破窗闖入幾戶人家翻搜。遇過一次性虐待者，罹患進食障礙的風險升高二・五倍。多次遭性虐待者，罹患進食障礙的風險升高五倍。受苦的表徵。

亦即歧視肥胖等於落井下石，胖不是嘴饞、懶得運動、比別人沒意志力。相反地，是

《發條鳥年代記》中，笠原May說假髮是條不歸路，微禿戴假髮，不透氣就會全禿，一輩子脫不下來。節食是加劇飲食成癮的不歸路，越想減肥就壓力越大，越想吃。越成功挨餓，就越止不住暴食，新手的好運只讓人離不開賭場。鄭多燕健身舞、阿金博士低醣飲食法、防彈咖啡、生酮飲食、一六八斷食，都能短期見效，停止後復胖。關鍵在用吃解壓，使你抗壓耐操配合度高，效率過人，獨自承擔問題不麻煩別人，受委屈也不用跟人起衝突，飲食失調者可說是極端環境的高功能適應者。作者為胖除罪，透視個案以節食應付高成就壓力下的自我懷疑。也帶領復健，教人在動手取食前暫停，覺察棘手的負面情緒，給自己選擇權。可惜這不是速效萬靈丹，仍是鍛鍊項目。

胖子決定要瘦下來才喜歡自己，獲知要先喜歡自己才會瘦，悲劇了。但在本書豐富知識翼護下，我們可以有勇氣承認討厭自己，然後不計成敗地喜歡自己。

獻給我們的母親
她曾教導我們好好地飲食

目錄

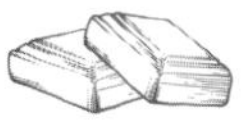

與情感共餐

「人類也把飲食化為不同的事物情狀；一方面是不足，另一方面是多餘，它們使得這種需求的明晰性變得模糊不清。」

里爾克（Rainer Maria Rilke）[1]

那簡直是天堂。小時候，聖誕節的早晨，我在燒烤的香味中醒了過來，我稍稍聞了一下，隨後又把頭倚在枕頭上沉沉睡去。燒烤的香氣四處飄散，我則在它們的籠罩下徜徉在睡夢裡……

待我睡飽後，索性下樓走入廚房，那裡被火爐的高溫加熱得猶如桑拿。我的母親正站在爐子旁，祖母則是坐在那旁邊的一張凳子上，她拿著一個茶碟，津津有味地品嚐著肉汁，那是一種早在我的母親還是個小孩時就已烹調出的美味。冬天寒冷的空氣在熱氣蒸騰中從開著的窗戶吹了進來。餐桌上放著一碗丸子麵團，爐子上煨著紫甘藍，而火爐裡的燒烤聲則同時也在嘶嘶作響。我等不及要大快朵頤了！即使時至今日，我仍會一邊欣賞擺在沾到澱粉的桌布上的節慶佳餚，一邊享用丸子、燒烤與紫甘藍。聖誕大餐是種獨特的歡樂，而我對食物的熱情也就是這麼形成的。

我以飲食研究者為業，始於多年後在大學的研究實驗室裡擔任助理，我為能夠親身參與科學研究與操作實驗方法感到自豪。在實驗裡，所有的影響和干擾都受到了控制，因此，它們既可反覆施行，又極具說服力；畢竟，唯有如此，它們也才有用。為何這對我來說如此重要呢？

做實驗是飲食研究者的傳統方法。在實驗的幫助下，飲食研究者得以深入了解攝取食物的身體基礎，得以認識促進或抑制飲食行為的種種激素（荷爾蒙）與代謝過程。飲食研究者在脂肪組織與小腸壁中發現了控制食量大小的化學物質，他們也知道哪些大腦結構在控制著食物的攝取。然而，問題是：關於孩提時的聖誕大餐所帶來的歡愉，或是關於當巧克力在我們的嘴裡融化時在我們的心中所激起的快樂，他們能告訴我們些什麼呢？

大學的圖書館就在我當時工作的實驗室附近，那是一棟用紅砂岩蓋成的巴洛克式建築，頂層是閱覽室，那是一個緊密排列了許多書桌的小房間。在閱讀燈溫暖的燈光下，籠罩著濃烈的、近乎肅穆的寂靜。說話是被嚴格禁止的。我曾在那裡準備我的統計學考試；老是令我分心的，不單只有枯燥無聊的教材，另外還有透過小窗能俯瞰到的城市與河流。

有位戴著角框眼鏡、留著灰色鬢角的男士每天午後都會出現，他總會在那裡一連好幾個小時細心鑽研著法律條文。無可指謫的穿搭、鋒利的鼻子、嚴肅的神情與向後梳齊的頭髮，所有的這一切令他散發出了某種重要人物的光芒。他專心閱讀著書本與書寫著筆記。而我則在一旁偷偷地等待著他的儀式。

到了下午的某個時候，他便會慵懶地把手伸進外套的口袋，從中拿出一片巧克力放到書桌上，隨後再小心翼翼地打開它的包裝。接著他會把整片巧克力扳成一小塊一小塊，然後再次埋首於書本中。在他閱讀與抄寫筆記時，他會一塊接一塊地把巧克力塞進自己的嘴裡，藉以讓自己的苦讀變得甜蜜。我總會在一旁偷偷地觀察著他的這項舉動；這經常會導致我在回家的路上也給自己買塊巧克力。

飲食與情感之間的基本關聯就體現在我們對於食物的情緒性反應；這是一種就生物學而言，深深地植根於我們身上的反應。在動物實驗室中，研究人員會提供給受試的老鼠「標準食物」；那是一些褐色的顆粒，其中含有各種營養成分，聞起來則有魚腥味。我曾問過自己，牠們是否會樂於吃點別的；於是我索性就將一把糕點碎屑放到食物碗裡，那是之前休息喝咖啡時剩下的。老鼠會先聞了聞那些碎屑，隨後便立刻興奮了起來。牠們盡己所能快速地全部吃完，吃得乾乾淨淨，一點也不剩。我很確定，就連牠們也在飲食中體驗了歡樂。養狗或養貓的人都知道，動物們也渴望美食。

見到、聞到或嚐到可以食用的東西，卻沒感受到至少一絲絲的情感，這種情況幾乎是不可能。這種情感反應已經演化了數萬年，因此也能在動物身上觀察到。它們有助於解決攝取食物的問題。但它們卻也給我們現代人增添了許多困難。當我們到了超市的結帳處站在擺著糖果的小貨架前，當我們走在人行步道聞到了烤香腸、炸薯條或薄煎餅的味道，我們會在情緒上產生反應，然後我們就會難以抗拒。或者，我們會去飲食，藉以讓壓力感更容易被忍受。在經過一場冗長且無趣的討論後，我們會去吃根巧克力棒，藉以提振精神。在一個人守著電視機的孤獨夜晚，我們也會吃點甜食或小吃，藉以緩解抑鬱的心情。

飲食究竟是如何起到舒緩的作用？情緒性飲食的習慣又是如何形成的呢？諸如此類的問題一直令我感到著迷。情緒性的壓力會在何時造成飲食行為脫軌，繼而導致肥胖與飲食障礙等問題？

長久以來，飲食的情感世界一直是科學研究的一個盲點。對於生理學家而言，情感還是不夠具體、不夠明確。他們認為，情感不適合被拿來客觀地分析。另一方面，從前情緒研究者也對飲食行為不太感興趣。隨著克服肥胖症流行的困難與日俱增，人們才逐漸開始對這方面感興趣。[2]

在實驗室工作多年後，我成了一名心理治療師。我曾治療過一位體重一五〇公斤的女性。那位女士從小就會在被窩裡偷吃糖果。在體重失控後，她得忍受同學的嘲笑與父母的責難。然而，越是遭到挫折與訕笑，她反而吃得越多。飲食成了她在學習與工作中的避風港。每當她感受到壓力，無法克服的對於巧克力與速食的渴望就會侵襲她。她吃東西是為了比較能夠克服壓力感。當醫生發現她罹患糖尿病時，建議她減肥。但她在減肥的路途上卻是屢試屢敗，以致她曾表示：「我寧可就這麼胖下去，早死早好！」

在過去的二十年中，肥胖的盛行率增長了超過一倍以上。「adiposity」，所謂的肥胖（症），是如今人類所面臨的最大的健康問題之一。而我們也正致力於解決這樣的問題。舉例來說，人們會在學校或其他的機構中大力宣傳各種最新的飲食建議。許多科學家也正在研發減肥藥物或減肥計劃。儘管如此，過度肥胖的人，在受制於過重的身體下，不僅具有高度的罹病風險，也容易遭到他人的貶抑，從而蒙受諸如恐懼或沮喪之類的心理壓力。我之所以選擇「蒙受」一詞其實是有意的，因為他們承受著體重過重的痛苦，同時卻又無法擺脫它。

有些人吃得太多，卻也有另一些人對於飲食想得太多。該以什麼樣的頻率、什麼樣的數量攝取什麼樣的飲食，人類可能從來不曾像今天這樣深入思索這個問題。「正確的」飲食建議可說是滿坑滿谷。只不過，營養知識的增加卻也有弊端，尤其是在人們不斷地對於營養的問題進行知性的分析下，終將造成正常的飲食情感被排擠到幕後，從而也阻礙了攝取食物的自然流動，這甚至可能會導致飲食障礙。[3]

我們心理學家在現代的飲食情況中看到的問題——過量地攝取食物以及飲食造成的精神超載——唯有藉助同時顧及飲食的情感世界的策略才能解決。因為情感對於飲食行為而言，至少與激素和神經傳導物質（neurotransmitter）一樣重要。是以，在本書中，我將解釋飲食與情緒之間的關係：情緒如何控制飲食行為，飲食又如何反過來影響情緒，我們的飲食行為在恐懼、憤怒或悲傷的影響下會如何變化。

在這當中，關鍵在於：我們的情緒會在什麼時候導致飲食行為出軌？情感又能如何幫助我們，促使飲食行為再次回歸正常，進而讓我們可以自由自在地享受美食？這正是我所要說明的。

我們的總出發點是飢餓的經驗，它是飲食的起點，是飲食的轉折點與支點。現代的飲食研究也是由此展開。

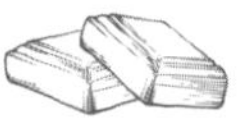

尋找 飢餓信號

「如若上蒼未曾在身體裡安置某種信號，一旦氣力與需求失去平衡，這種信號就會通知身體。身體這部複雜的機器，或許很快就會陷於停擺。」

讓・安泰爾姆・布里亞—薩瓦蘭（Jean Anthelme Brillat-Savarin）[1]

如果體內缺乏養分，我們就會飢餓。胃部會咕嚕作響，手腳會發冷，我們會疲倦且易怒，也會難以抗拒對於食物的渴求。然而，我們的飢餓感是如何曉得人體需要營養呢？隱藏在背後的確切原因長久以來都是個謎。直到二十世紀，科學才開始深入地研究這個問題。

在第二次世界大戰快要結束時，明尼蘇達大學（University of Minnesota）的生理學家安瑟爾・凱斯（Ancel Keys）受美國政府之託，針對飢餓在生理與心理方面的影響進行了研究。在長達六個月的時間裡，他只提供一群受試男性平常食量一半的食物，並且觀察此舉所帶來的種種影響。

結果，影響頗具戲劇性。某天晚間凱斯不禁對他的妻子說：「我到底對那些男人做了些什麼？我實在不曉得情況怎會變得如此艱苦。」那些受試男性個個變得疲憊、沮喪、無精打采。他們肌肉疼痛、頭暈、發冷、嚴重掉髮。此外，他們對於噪音的反應極其敏感，而且無法集中注意力。伴隨著脂肪組織的融化與肌肉的縮減，他們的所思所想不斷地圍繞著飲食打轉。

其中一位受試者曾在他的日記中寫道：「我的骨頭、肌肉、胃和理智彷彿在它們對於飲食的渴望中融為一體。」另一位受試者則會蒐集食譜，還會藉上電影院來分散注意力，然而，他卻發現，自己居然會迫不及待地想要看看有飲食畫面的電影場景。挨餓的人會用水稀釋他們微薄的食物，藉以使它們的份量顯得較大；他們也會不斷咀嚼口香糖，藉以讓自己至少擁有一點彷彿在吃東西的感覺。他們對性失去了興趣。他們的談話只圍繞著一個主題，那就是：飲食。在白日夢中，他們幻想著實驗結束後自己想要吃的飯菜。在過了五十年後，如今已然年屆八旬的那些受試者們，對於當年在明尼蘇達大學裡憑藉他們的飢餓所完成的那場令人陷入絕境的實驗，依然記憶猶新。[2]

飢餓始終侵擾著人類，驅使人們穿越森林和草原，迫使人們涉過河流、攀登山脈、越過峽谷。它也帶給許多人死亡。數千年來，幾乎每個世代的人類都曾遭受飢荒的威脅。即使到了二十世紀，光是在俄國，就有一千五百萬人死於飢荒。德國所經歷的最近的一場飢荒是在七十五年前。在戰爭結束後的幾年裡，德國人的食物都得採取配給。舉例來說，當時漢堡（Hamburg）的居民每天只能獲得七七〇卡路里的熱量；這點熱量甚至不到明尼蘇達實驗的卡路里攝取量的一半，更不用說，相對而言還比較多的食物量就已讓那些受試男性感到陷入絕境。一九四六／四七年的飢荒寒冬造成了成千上萬的人口喪生，倖存者們始終銘記著那段艱苦的經歷。六十年後，當他們接受採訪時，他們生動地描述了自己的經歷。當時十二歲的一位受訪者表示：

> 我了解到，飢餓與寒冷會造成疼痛。內在的疼痛。精神上與肉體上的疼痛。從髮梢直到小腳趾，不單只是短暫地滲透，而是會不斷地被飢餓所折磨，被寒冷所癱瘓。你會感覺到……自己已經到了生死存亡的關頭。我曾有過那樣的感覺。[3]

直到今日，飢荒始終都還存在著。就全球而言，目前仍有超過八億的人口在挨餓；即使是在富裕的社會中，同樣也有部分的人口缺乏食物。[4]

從過去到現在，在人類的整個演化過程中，飢餓一直是一股形塑的力量。我們的身體已經適應了持續缺乏的威脅，而且會對能量補給的減少很快做出反應。在短短幾小時不進食後，我們的心率、血壓、體溫與基礎代謝率就會下降。大多數器官系統的活動會減少，藉以節省能量。人體可以長時間挺過飲食匱乏，可是心靈卻不樂見這種情況的出現。

鮮為人知的關於飢餓感的知識

飢荒有個我們每天都會見到的小兄弟，早在營養不足之前他就會發出通知。在明尼蘇達實驗完成四十年後，英國心理學家珍・沃德（Jane Wardle），在一個小型實驗中，為一群受試女性提供了高能量或低能量的早餐。早餐之間的能量差異，相當於一個果醬卷的卡路里含量。如果受試女性在早餐時攝取的能量較少，那麼她們在中午之前就會比較容易感到飢餓；此一發現與我們的日常經驗相符：早餐比較寒酸，中午時分我們就會比較飢餓。[5]

不過，這項實驗還揭示了飢餓感有兩種並不十分明顯、卻是值得注意的特性。在體重正常的人體裡，其實儲存了足以在沒有食物的情況下存活數週的能量。然而，光是短少這

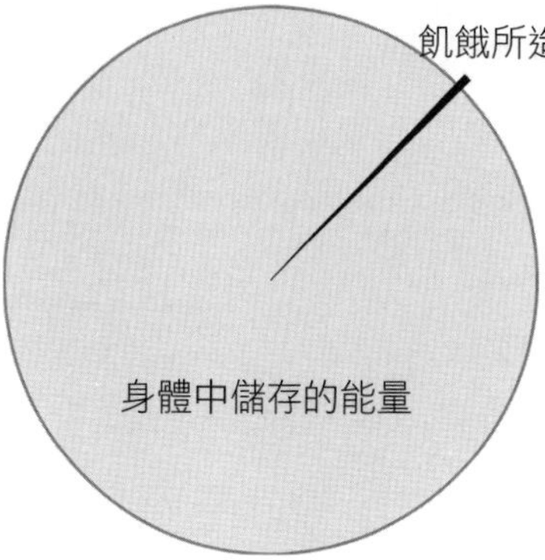

圖1｜即使是很小的能量供給波動（大約為正常體重的人體所儲存的能量的四千分之一），也會提升飢餓感。

個數量的四千分之一，就會讓女性的飢餓感產生反應。換言之，她們很快就會飢餓。假如有部汽車的科技也是如此敏感，它或許會在行駛了幾公里後就警示駕駛人再次尋找加油站。飢餓感是種極其敏感的預警系統，它還有另一項令人驚奇的特性。

受試的女性們不曉得早餐有時含有較多、有時含有較少的能量，因為這兩種變體在進食食物的外觀、體積與口味上都是相同的。額外的卡路里是隱藏在一杯添加了無味的碳水化合物的柳橙汁中，只因她們的飢餓感才使得差異為人所察覺。這種飢餓感深植於遠遠超出意識的身體深處。在人體中的某處必然存在著造成我們飢餓的信號，許多個世代的科學家都在追尋這樣的信號。

肚子裡的氣球

距今大約一百多年前，某個普通日子的正午時分，

時間	持續時間
12：37	70秒
12：40	25秒
12：41	40秒
12：43	75秒
12：44	75秒
12：46	15秒

在哈佛大學（Harvard University）的一間實驗室裡，有位戴著鎳框眼鏡、頭髮梳理得整整齊齊的男子，手裡拿著一本筆記本和一只碼錶。這位男子名為華特・布拉德福特・坎農（Walter Bradford Cannon），他是二十世紀最重要的生理學家之一。在他的研究生涯的盡頭，他曾借助X射線描述了胃腸系統的運動，研究神經衝動的化學傳遞，改善了戰爭傷者的傷口護理，發現身體在處於壓力狀態下的刺激模式，創造了用以指稱人體內部平衡狀態的「恆定」（homeostasis）一詞（我將在後面詳細介紹這種平衡）；以上僅是列舉他的幾項成就。

不過，就在前述的那一天，他所尋找的卻是引發飢餓感的身體過程。他專注於自己的飢餓，發現到，飢餓會突然浮現，隨後又會消失，接著過了一會兒才又再度浮現。在將近十分鐘的時間裡，他記錄下六個持續十五到七十五秒不等的飢餓階段：

他之所以能夠秒數精準地感知自己的飢餓的來來去去，也許是因為他的心思縝密。又或者，他比其他人更為注意自己的身體反應，畢竟他是一位生理學家。因為在他用聽診器聽著肚子裡的聲音下，他注意到了，當飢餓感浮現時，他的胃部也會咕嚕作響。於是他得出結論，飢餓感是由胃部收縮所引起。

然而，這樣的想法其實並不新穎。上古時期的名醫蓋倫（Galen）早已猜測空腹的活動是飢餓的原因。後來自然科學家阿爾布萊希特・馮・哈勒（Albrecht von Haller）也曾指出，當胃壁相互摩擦時，總會產生飢餓感。然而，查爾斯・達爾文（Charles Darwin）的祖父伊拉斯摩斯・達爾文（Erasmus Darwin）卻認為，他在空腹的不活動中察覺到了飢餓的信號。他們全都猜測飢餓的原因就在胃部。坎農則是在人體實驗中實際檢驗自己的理論的第一人。

他讓他的一位學生吞下一顆氣球，然後給氣球充氣，接著再藉助氣球中的壓敏探頭記錄那位學生的胃部活動。他請求那位受試的學生，一旦感到飢餓，就立即按下某個按鈕。誠如紙質記錄儀的記錄所示，的確，每當他的胃部在不久前出現了活動，那位受試學生就會按下按鈕。就這樣，坎農認為自己的理論獲得了證實。[6]

過了一段時間之後，芝加哥大學（University of Chicago）的一位年輕科學家佛雷德里克・霍澤爾（Frederick Hoelzel）自己重做了這項實驗。他首先注意到了，光是膨脹的氣球就會促使胃部產生活動。此外，他還注意到，有時他感到飢餓，卻絲毫沒有察覺胃部的活動。這些觀察使得坎農的理論受到質疑；只不過，當霍澤爾把自己的實驗結果告訴他的同行，卻未被對方所採納。相反地，坎農還向霍澤爾的上級抱怨，因為他「允許」發表這些觀察結果。[7]

然而，坎農的運氣不錯，幾乎沒有人注意到霍澤爾的研究。胃部活動的理論已被寫入教科書，更被當成無可爭議的事實傳授給了好幾個世代的學生。

在過了五十年後，人們才重新進行了氣球實驗；只不過，這回採取了改進的方法。這時人們藉助一個不會影響胃部活動的小型測量傳感器來記錄胃部的活動，而且還將測量的時間拉長，並且召集為數更多的受試者進行測量。實驗的結果很明顯：飢餓感的發生與胃部的活動無關。[8]

當坎農將他的注意力單單擺在自己的胃部活動時，或許他在第一次進行觀察時就搞錯了。在飢餓狀態下的身體感覺其實是多方面的。我們不僅會感覺到胃部的變化，也會感覺到身體其他部位的變化，像是在頭部與胸部，還有在手部與腿部。此外，這些身體感覺在不同的人身上可能會有很大的差異。某些人可能會聽到胃部的咕嚕聲，另一些人可能會感到胸悶或頭痛，還有一些人可能會覺得自己的雙手變冷。[9]如今我們曉得，處於飢餓狀態的身體狀況其實是由各種不同的身體感覺所構成。這也表明了，飢餓感不單只是在胃裡觸發。

然而，如果飢餓感不是發生於胃裡，那又會是在哪裡呢？究竟是什麼樣的身體過程觸發了飢餓感呢？某些研究人員認為，葡萄糖（亦即血液中的糖）的可支配性是關鍵因素。這項理論同樣也貌似合理，而且很快就發揮了影響力。如果人們降低了老鼠身上的血糖濃度，牠們就會立刻開始進食。問題是，當血糖在正常範圍內，甚至於在糖尿病患者身上，當血糖值到達很高的水平時，卻同樣也會產生飢餓感。因此有人猜測，飢餓信號是出自血液中脂肪酸或胺基酸的濃度，也有人猜測飢餓信號是出自胃、腸或脂肪組織產生的激素，甚至有人認為，飢餓信號是出自體溫。[10]

這場探索或許還有很長的路要走，事實也證明了這不是一件容易的事。研究人員深入了人體的各個角落，進行了無數的實驗，可是所研究過的身體過程卻均未能滿足飢餓信號的標準，也就是每當所涉過程達到了某個特定的、可衡量的數值時，飢餓才會發生。

思維錯誤的終結

在一九七〇年代時，英國薩塞克斯大學（University of Sussex）的一位年輕的心理學家，大衛・布斯（David A. Booth），同樣也研究了飢餓的生理學。在他的一項早期的實驗中，他先將葡萄糖溶液注入受試老鼠的血液中，接著再觀察，在之後的幾個小時內牠們攝取了多少食物。受試老鼠會隨著葡萄糖的注入調整自己的食物攝取量；若有越多的葡萄糖在牠們的血液中，牠們就會吃得越少。

這項發現證實了「血液中的葡萄糖濃度是飢餓成因」的這項理論。然而布斯對此並不感到滿意。他接著又用多種其他的營養物質，像是不同的脂肪與蛋白質，重複進行了同樣的實驗。實驗總是顯示出同樣的結果：受試老鼠會隨著先前所獲得的能量調整自己的食物攝取。

這些觀察結果使得布斯不禁深深地對於一種飢餓信號的概念感到懷疑，因為影響食物攝取的，並非「單一」特定的物質，而是「許多」不同的物質。[11]

他並未再去尋找飢餓信號的另一位候選人，而是想起了數年前，當他還在牛津大學（University of Oxford）攻讀生物化學時，曾在漢斯・克雷布斯（Hans Adolf Krebs）的課堂上聽到的內容。漢斯・克雷布斯爵士曾因發現「檸檬酸循環」（citric acid cycle；這是生命的重要過程之一）而於一九五三年獲頒諾貝爾獎。在這當中，體內的能量流（energy flow）在一系列複雜的生化反應下獲得確保；能量流就如同氧氣的供應那樣不能被中斷。布斯看到了檸檬酸循環的一個關鍵特徵，那就是：人體可以使用的能量被包裝在某種化學物質中，而那些化學物質可用於人體的不同部位與各種不同的目的上；三磷酸腺苷（adenosine triphosphate；簡稱：ATP）就是這樣一種能量載體，它就宛如某種通用貨幣，可以多種方式使用。飢餓的生理學是否也遵循著類似的原理呢？

大衛・布斯構思了一個飢餓模型，這個模型是由許多的身體信號所組成。它們全部匯聚成一個巨大的整體，它們擁有一個共同的分母，那就是：流向細胞的能量流。[12]布斯的模型準確地描述了哪些過程有助於能量的流動，它們又是如何激發或抑制攝取食物的意願。無論是當下的能量消耗、脂肪代謝的特徵，抑或是存在於胃與腸裡的能量，最終，每一種這些身體的過程都會匯入相同的能量流。

從前科學家們在思維上犯了一個錯誤，這不禁令人聯想起瞎子摸象的故事。幾個盲人想要知道，立於他們面前的，究竟是什麼東西，然而他們卻得出了不同的結論，因為他們分別觸摸到了大象身體的不同部位，軀幹、象牙、後腿和尾巴。飲食研究者也曾以類似的方式糾結於飢餓生理學的某些細節中。他們徘徊於新陳代謝與內分泌系統的叢林，追尋著一個不存在的過程，直到能量流模型被提出後，控制食物攝取的複雜系統才為人所識。[13]

這個模型甚至於好到在藉助計算機的模擬下，能夠可靠地預測受試老鼠的進食行為。先前的飢餓理論都未能做到這一點。

信號樂團

當你感到飢餓時，請你留意一下自己身體的種種感覺。或許你會和坎農一樣察覺到胃部在咕嚕作響，或許你只是感覺到胃部空空，或許你會雙手發涼，又或者你會感覺到肌肉緊繃與頭痛。你可能會疲倦、易怒，而且還會有點不耐煩。請你也觀察一下，在你進食時會發生些什麼事。你會看到和聞到食物，會感覺到食物有多麼溫暖或寒冷、乾燥或潮濕、堅硬或柔軟；你也會品嚐出它們所具有的鹹、酸、辣、甜或果香的種種滋味。進入體內的食物越多，身體就會越強烈地陷於動盪。心臟跳動會加快，血壓和體溫會上升，胃裡的酶會被釋出，胃壁與腸壁中的神經細胞會被刺激。諸如胰島素與升糖素（又稱胰高血糖素）等激素會開始發揮作用。糖分子、胺基酸與脂肪酸會被吸收到血液中，運往各個器官，繼而在那裡被燃燒。多餘的能量則會被儲存在體內；在肝臟、肌肉與脂肪組織中。脂肪組織會生產激素，這些激素會重新投入血液循環中。在餐食被消化後，維生的重要燃料便會被從這些儲藏室擷取，然後沿著新陳代謝的蜿蜒路徑分解。[14]有鑑於這種多樣性，怎麼可能只有唯一一項身體過程會觸發飢餓感呢？時至今日，人們恐怕很難理解，為何相關研究未能得出「攝取食物需以一套複雜的身體過程系統為前提」這樣的結論。

整個信號樂團的演奏會在身體裡迴盪；在肝臟中、在胃腸系統中、在胰腺中，在脂肪組織中、在內分泌系統中。大腦會聆聽著樂團的聲響，進而在本於截然不同的種種過程來決定，是否令我們感到飢餓。

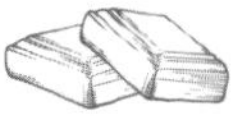

飲食行爲的兩張臉

「如果你在巴黎吃得不夠飽，你就會感到非常飢餓，因為所有的麵包店都陳列著那麼可口的東西，人們還會在人行道上露天用餐，於是你便會不得不看到與聞到食物。」

厄尼斯特・海明威（Ernest Hemingway）[1]

大腦如何處理來自消化系統和血液循環的各種信號呢？它如何決定我們該在何時吃多少什麼呢？它會在什麼時候讓我們感到飢餓呢？大腦在它的決策過程中不單只會本於身體的信號。

一九六二年十一月，一名當時年僅二十歲的女會計，由於頭痛、過度排尿與嚴重口渴，被送往紐約的一家醫院。醫生檢查了她的內臟，對她的頭部拍攝了X光片，也檢查了她的大腦功能。他們沒有發現任何可以解釋她身體異常的原因。

兩年後，由於她的情況惡化，這些異常現象再次出現。這時她明顯肥胖，因為她每天攝取多達一萬卡路里，超過她的能量需求的三倍以上。如果不給她吃夠多的食物，她就會耍脾氣。這時醫生們發現了造成她種種症狀的原因；X光影像顯示，在她的間腦（diencephalon）中有個腫瘤。儘管這顆腫瘤極其微小，它卻使得這位女性的飲食行為完全失衡。怎麼會這樣呢？

腫瘤破壞了下視丘（hypothalamus）的一部分，這是一個相當於榛果大小的腦組織，由於它所處的位置的緣故，它與大腦的其他許多區域相連。下視丘的下方浸潤於激素及其他信使物質悠游於其中的淋巴液裡；這是聆聽來自身體各處信號的理想位置。控制飲食行為的中心就在這裡嗎？

尋找控制的結構

數年前，芝加哥大學的神經病學家獲致了一個驚人的發現。下視丘底部的一個小核遭到破壞的受試老鼠會不斷地進食。牠們一天到晚吃個不停，在短短的時間裡體重居然翻了一倍。在那些記錄了如此驚人的現象的照片中，人們可以看到極其肥胖的受試老鼠，牠們的活動顯然非常吃力。這些受試老鼠遭到破壞的大腦部位，正和前述那位女病患遭到腫瘤侵擾的大腦部位相同。[2]

這項實驗不僅成為經典的實驗範本，也成為神經病學家嶄露頭角的訓練場。然而，某位耶魯大學（Yale University）的學生，在嘗試進行實驗時，所破壞的卻不是下視丘的中間部分，而是它的側面部分，因為某位同事不小心換錯了測量裝置。這項疏忽就這麼陰錯陽差地引致了另一個驚人的發現，因為這下子人們幾乎無法誘導受試老鼠進食，牠們變得十分消瘦，近乎餓死。[3]如果下視丘的中間部分遭到破壞，受試動物會變得不再飽足，會過度進食。如果遭到破壞的是側面部分，那麼牠們則會變得不再飢餓，體重也會隨之減輕。

不久之後，人們藉助新開發的大腦刺激方法拓展了這些發現。這時人們會用微弱的電流刺激下視丘某些部位的活動。這些實驗同樣揭示了一些驚人的發現：激發神經活動會顯示出與關閉神經活動完全相反的作用。在神經細胞的受損而抑制了食物的攝取之處，這時食物的攝取受到了促進。

研究人員據此得出結論：飲食行為是由下視丘的兩個中心所控制，一是刺激食物攝取的飢餓中心，一是抑制食物攝取的飽足中心。[4]

然而，儘管這套理論顯得如此合理，但它卻很快就遭到了反駁。研究人員陷入了五里霧中。因為就連關閉或刺激大腦的其他部位，例如杏仁核（amygdala）與中隔（septum）這兩個與情感有關的結構，也都會抑制或增加食物的攝取。根據所涉及的部位，這些區塊同樣也會影響受試動物進食的增多或減少。

後來人們逐漸發現越來越多的神經傳導物質，也就是信使物質，它們會將刺激從一個神經細胞傳到另一個神經細胞；而這樣的發現也令研究人員感到越來越迷惑。在正腎上腺素（noradrenaline，又稱「去甲基腎上腺素」）的影響下，受試動物會開始進食；反之，血清素（serotonin）則會抑制受試動物攝取食物。迄今為止，人們竟已經發現超過三十種能夠影響飲食行為的神經傳導物質。[5]

研究人員進行越多的實驗，針對大腦的種種過程研究得越仔細，整個真實面貌就變得越複雜。食物的攝取是由某個狹義的飢餓中心與飽足中心所控制，這套理論與單一飢餓信號一樣具有誤導性。

此外，人們也逐漸認識到，諸如下視丘這樣的小結構，根本無法擔負起控制飲食行為這樣的重責大任。單憑下視丘，怎麼可能有辦法讀取來自身體各處的許多信號，繼而協調生物體的進一步需求？如此艱鉅的任務唯有透過多個大腦部位的合作才能完成。問題是，哪些部位參與其中呢？

飲食行為的大腦

大腦的結構令人聯想到一棟三層的樓房。在演化史上相對較為古老的部位，延腦（myelencephalon）、橋腦（pons）與小腦（cerebellum），位於一樓。它們控制著維生的基本功能，像是消化、呼吸、心跳和簡單的運動。位於二樓的則是包含視丘（thalamus）與下視丘的間腦。來自感覺器官的刺激，外部世界的圖像，會在這裡被轉移到較高的大腦區域；大腦與激素系統也是在此處連結。位於三樓的是在演化史上相對較為年輕的部位，也就是兩個大腦半球（cerebral hemisphere）與邊緣系統（limbic system），它們負責控制感知、思考、記憶、複雜的運動及情感。

然而，食物的攝取卻是受到分布於整個大腦裡的各種部位所控制。飲食行為的大腦在每個樓層都有其分支。為此，它形成了兩個單位。[6]

「下」單位位於大腦的中、下部；這裡也是關於下視丘的經典研究的起點。下視丘迄今仍被認為是控制飲食行為的重要部位，即使它並非是唯一具有控制權的。此外，有關這

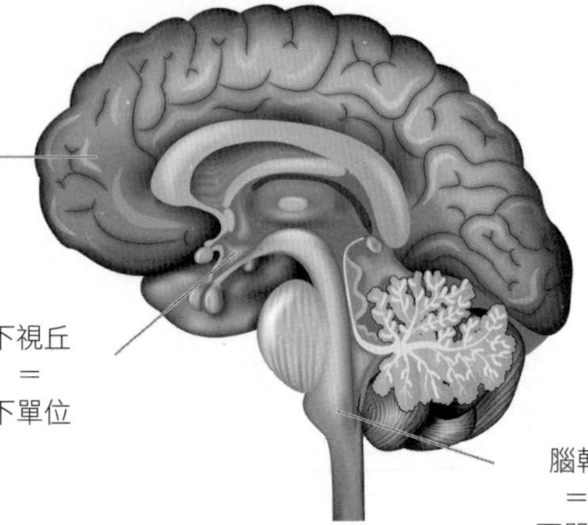

圖2｜食物的攝取是由彼此相距較遠的一些大腦部位共同控制。包含下視丘與腦幹在內的下單位負責處理能量的攝取與消耗之間的平衡。位於前腦的上單位則是負責處理食物的、環境的與來自記憶的資訊的種種具體情狀（根據Langhans & Geary，2010）。

個部位的功能的知識，如今也已顯著獲得拓展。時至今日，單單在這個小小的部位中，人們已能區分出四十個核以及許多的神經化學功能系統。

特別重要的是它底部的一個區域，「弓狀核」（nucleus arcuatus）。人們在此發現了負責讀取來自身體各處的信息的神經細胞。藉助它們，大腦得以知道在血液中循環著什麼樣的燃料，在胃腸裡存在著什麼樣的營養物質，在身體內又儲存著多少的能量。這些資訊會經由各式各樣的連結轉傳到大腦的其他區域（例如腦幹），繼而轉換為刺激或抑制飲食行為的命令，就好比汽車的油門與煞車。舉例來說，如果在血液中胰島素（insulin）與瘦素（leptin）這些激素的濃度偏低，那麼攝取食物的意願就會升高。相反地，在這兩種激素的濃度偏高的情況下，食物攝取就會受到抑制。這時我們或許可以說，下視丘把腳從油門上挪開。

在下視丘和腦幹裡的飲食大腦的「下」單位，負責處理能量的攝取與消耗之間的平衡。不過，在某個情況下我們是否應該攝取多少的食物，最終的決定卻是由大腦的高層部位來做成。

飲食大腦的「上」單位位於大腦皮層，這裡負責處理感官印象，除了食物的外觀、氣味和味道，還有環境的情狀。此外，對於攝取食物至關重要的記憶內容也儲存在這裡，像是關於可在何處找到食物以及它們有多麼容易消化等等的知識。

邊緣系統就在它的附近，這個系統就像嵌在上層與下層大腦結構之間的一個「邊緣」（limbus）。它會將攝取食物與令人愉悅或令人不快的感受連結起來。環境的影響以及關於所涉飲食的種種經驗，例如我們是否曾經覺得某些東西特別可口，這些因素也會在此發揮作用。這時候，種種的心理過程，感知與覺察、思考與記憶，在這當中插上了一腳。

飲食神經科學所面臨的巨大挑戰，就是兩個單位如何協同運作的這個問題。我們知道，哪些來自身體的信號會在下單位中被讀取，我們同樣也知道，上單位會處理來自環境與記憶的飲食資訊。然而，這兩個單位是如何溝通的呢？大腦如何斟酌身體的信號與思想及情感呢？身體與心理的影響何時會失衡呢？在這當中我們自己又能夠做些什麼呢？

超越平衡

在十九世紀時，生理學家克洛德・貝爾納（Claude Bernard）認識到了「內環境」（interior milieu）的重要性；「內環境」是由血液、淋巴液與其他體液所構成，它圍繞著內臟。這個內環境必須保持穩定。華特・坎農，在前已提及的「恆定」（它的意思相當於「使自己維持在一個類似的狀態」）這個概念下，總結了保持內環境穩定的種種過程。也就是說，身體會對背離所希望的狀態的那些偏差盡快做出調整。我們會出汗或發抖，藉以避免體溫過高或過低。我們會加快呼吸，藉以滿足在身體勞動時對於氧氣的需求增加。我們會喝水，藉以防止乾涸。

保持穩定的原則是生命的基本原則，在攝取食物上它當然也扮演著重要的角色。負責看管身體的內在世界的飲食大腦的下單位，一直在注意著能量攝取與能量消耗之間的平衡。一旦出現營養不足的情況，它就會驅使我們進食。明尼蘇達實驗受試者們的反應表明了，它運作得有多好。他們惱人的飢餓感憑藉原始的暴力逼迫他們設法消除營養不足的情況。身體需要越多的營養，對於食物的渴求就會越大；這聽起來就像是一套自然法則。然而，心理卻並非總是遵循這樣一套法則。

克莉絲丁（Christine）是一位二十歲的大學女生，在她初次走進我的診所時，她整個人瘦到簡直不像話。她的臉頰凹陷，雙眼被陰影所圍繞。她把自己的身體隱藏在寬鬆的衣服下。數年前，當她還在中學就讀並在某家廣告公司打工時，問題就出現了：「每個人都既美麗又苗條，而且還衣冠楚楚，我也想成為其中的一員。」

於是她開始限制自己的飲食行為。飢餓對她有益。她不僅變得苗條，而且覺得自己變得更有魅力。起先她會讓自己禁食幾小時，之後逐漸擴大成幾天。這種病態蔓延到她的生活。周復一周、月復一月，她吃得越來越少。「事情就這麼發生了，有很長一段時間，我都未曾懷疑過這可能是有問題的。」

在她以「非常好」的成績通過高中畢業考時，她就已經體重過輕。之後她搬到大城市去攻讀醫學。她的作息遠比住在家裡時不規律。沒有人要求她得按時吃飯，晚餐總是草草了事，她也不在乎自己到底吃得夠不夠。有時她會感到迷惘，唯有飢餓給了她支持。在教室裡，人們會用眼角瞄著她走進來。當她看著鏡子裡的自己觸摸著自己的手和腿時，她覺得，自己的消瘦再也無關瘦身，但她就是無法停止讓自己挨餓。有位朋友催促她去做心理治療，在接受朋友的勸說下，她決定前往某家醫院接受治療。對於克服病態的強烈渴望，幫助她遵守了醫院嚴格的飲食計畫。當她在過了五個月後返家時，不僅已恢復了正常的體重，也盡力維持自己的體重。然而，當她不遵守自己的飲食計畫，而是隨興所欲地按照自己的心情進食，她的體重就又減輕了。她似乎再也感受不到自己的飢餓感，彷彿多年的飲食匱乏使它變得遲鈍，彷彿她已然忘記了它。

飢餓感甚至可以在沒有厭食（anorexia）那麼極端的條件下神祕地消失。禁食療法的參與者在禁食的第一天會感到飢餓，然而，在接下來的幾天裡，他們的飢餓感卻會減輕。[7]他們的體重日復一日減輕，他們的能量儲備隨之減少，但他們的飢餓感卻並未因此而升高，甚至還可能會消失。他們可謂是「餓」而不餓。

為何偏偏在他們的身體急需食物時，他們會對食物失去興趣呢？一九六〇年代的一項心理實驗有助我們了解原因。

社會心理學家傑克・布雷姆（Jack Brehm）招募許多學生參與一項研究，如他所言，那項研究著眼於「食物匱乏對於成績的影響」。受試者得要不吃早餐和午餐，並在下午前往實驗室完成一些思考與運動技能方面的課題。他們遵照指示進行，以為研究就此結束。不料，真正的實驗卻是在那之後才開始。布雷姆憑藉科學家的權威，迫使他們參與另一場實驗，而且在那之前，他們都不許再吃任何東西。他用金錢獎勵了一半的受試學生，另一半則一無所獲。在受試學生到了晚間依約前來後，他們針對自己的飢餓感程度做了評估，布雷姆則從中觀察到令人訝異的現象：相較於禁食獲得金錢獎勵的受試學生，那些沒有得到任何獎勵的受試學生比較不會感到飢餓。

布雷姆用認知失調（cognitive dissonance）現象解釋了此一觀察結果。例如，當我們不得不去做某些與我們的信念不相容的事情時，就會出現這樣的情況。由於那些受試學生未因挨餓而獲得任何回報，於是他們發生了認知失調。他們在沒有充分的理由下順從了科學家的請求。因此，對於他們來說，只剩下一件事情可以令他們的決定比較容易被承受，那就是：他們沒有那麼強烈地感到飢餓。如此一來，他們就能在「自己居然會同意參與這麼令人不快的過程」這件事情上說服自己。他們越是感到飢餓，他們的認知失調也就越少。[8]他們的反應就像寓言中的狐狸那樣；由於葡萄長在太高的地方，致使狐狸完全搆不著，失望之餘，牠索性就寬慰自己，那些葡萄酸得要命，不吃也罷！

同樣地，禁食療法的參與者也讓身體的飢餓信號屈從於思想。他們不覺得飢餓是那麼地折磨人、那麼地令人不快，畢竟，他們之所以要禁食，為的是要做些對自己有益的事，為的是要促進健康與幸福。對於厭食症患者而言，飢餓感的作用甚至會加劇，因為這符合他們對於苗條與獲得控制的渴望。內化了的限制飲食的目標設定，能讓飢餓感變得較能令人忍受，或是能將飢餓感變得無關緊要。

人類的飢餓感受是可調節的。它可以在身體需要營養時消失，相反地，也可以在身體充分補給了營養時又過度增加。我們會在週末吃得更多，即使這時我們所消耗的能量少於在週間的工作日裡。當甜食是放在書桌上而非放在牆架上時，我們會更容易受到誘惑。我們會在受到環境的刺激下進食；像是精心布置的餐桌、燭光、醉人的音樂、電視節目或其他的人的因素等等。[9]這些影響沒有任何一個與我們的能量代謝有任何一丁點關係。這也難怪，研究人員長期以來一直試圖揭開我們的飲食行為的神祕面紗。

假設食物的攝取是由身體對於營養的需求所控制，那麼令人感到訝異的是，我們會多麼強烈地在受到外界的刺激下吃進某些東西。在耶魯大學進行的一項實驗中，一群受試學生被允許吃火雞三明治、乳酪三明治、水果、洋芋片和巧克力餅乾吃到飽。在進行一場注意力測試的短暫休息後，服務人員接著又把許多好料端出來，像是披薩與冰淇淋等等。受試學生其實早已吃飽，但這時他們卻又開始大快朵頤，而且顯然還吃了不少，平均而言，這回他們所吃的量大約是先前所吃的三分之一。

在另一項研究裡，研究人員則是提供一頓包含蔬菜湯、麵食與冰淇淋在內的免費午餐。同樣地，受試者也都被允許可以隨心所欲地吃。不同的是，這項實驗在一週後才再次為受試者提供免費午餐服務，只不過這回的數量卻改成固定的，也就是提供受試者在前一週所吃份量的百分之一百五十。份量越大，受試者吃得越多。他們面不改色地超越了上週的飽足極限。[10]

由此我們可以得出這樣的結論：無論身體是否需要更多營養，美味的食物都會刺激我們進食。

然而，飲食行為對於外部刺激的依賴性卻遠遠不止於此。就連原本與食物毫無關係的環境刺激，也會提高進食的意願。生理學家伊凡・巴夫洛夫（Ivan Pavlov）在餵狗時總會搖響鈴鐺。在重複幾次後，當狗一聽到鈴聲，唾液就會跟著分泌出來。鈴聲成了食物的信號，成了唾液反射的制約性觸發器。這項在學校的課程中近乎眾所周知的實驗過程被稱為古典制約（classical conditioning），它不單可以引發反射，還能引發攝取食物本身。

在一項類似的實驗中，心理學家黎安・伯奇（Leann Birch）在某個幼兒園裡布置了兩個遊戲間，平時用餐會在其中一個遊戲間裡進行，另一個遊戲間則否。過了幾天後，她在兩個遊戲間裡都提供了水果與甜點。受試兒童都處於相同的供給狀態，然而，在曾做為「餐廳」那裡他們卻會吃得更多。他們先前待在其中進食的環境也會提高自身攝取食物的慾望。

人類的飲食行為會去回應外部的刺激；會去回應食物本身以及與食物有關的環境刺激，即使人體才剛被提供了營養。[11]無論我們是否感到飽足，環境都會誘使我們進食。

前不久，我試著按照摩洛哥的食譜燉雞，當薑、肉桂與蜂蜜的香氣撲向我的鼻子時，我不禁「垂涎三尺」。我弓著身體靠向鍋子，此舉增強了我的感官印象。我的肚子隨即咕嚕作響。美食的氣味與畫面不僅使它動了起來，也增進了我的食慾。對於在與肥胖周旋的人來說，這樣的反應往往會是個麻煩。如果有許多誘人的食物，他們就會不斷地被刺激而進食。如果加入的是其他的影響，飲食行為也可能會失控。

現年二十九歲的湯姆（Tom）是一名程式設計師。當他感到壓力時，一股沛然莫之能禦的對於食物的渴望就會向他襲來。有一回，他的老闆對他提出了嚴厲的批評，在他看來，老闆對他的批評一點也不合理，這使得感到受辱的他十分憤怒，與此同時，在伴隨著他的羞憤下，一股極度飢餓的感覺也跟著浮現。他必須準備點什麼，藉以「壓下」這股飢餓感，而這在回家的路上是件輕而易舉的事。他的購物之旅始於地鐵站的售貨亭，櫃檯後面的女人笑著向他打了個招呼；她早已認得他。接著他又去了隔壁的超市。回到家裡，坐上餐桌，他索性就先大吃大喝了起來：

- 三個夾了牛油、戈貢佐拉起司、瘦肉香腸及黃香腸的小麵包
- 兩百公克的山奶酪
- 一塊莫札瑞拉起司
- 一塊塗了牛油的鹽味捲餅。

接著他躺到了電視機前，悠哉悠哉地又吃了一大堆甜食。他一連吃了三到四個小時，補充了相當可觀的能量：

- 一塊蘋果派
- 一塊覆盆子蛋糕
- 一片巧克力
- 一盒冰淇淋（五百毫升）
- 一塊巧克力可頌麵包
- 兩袋小熊軟糖
- 三根巧克力棒
- 半包果仁糖

- 一個巧克力布丁
- 一塊酸乳酪酥皮麵包

有時，當他感到無聊，他也會吃東西。在他不用工作的時候，他會覺得做什麼事都提不起勁，於是就在電視機前消磨了許多時光。體重過重早已損害了他的健康。他不只有慢性的背部疼痛與關節疼痛的問題，還有高血壓。醫生建議他將胃部縮小，藉以減輕肥胖。湯姆則把希望全都寄託在這上頭：「我認為，藉助手術或許能夠讓我不再有那麼巨大的飢餓感。」

然而，他的飲食問題並非由他的胃或任何其他的身體過程所引起。問題其實在於，人類的飲食行為會對外部的刺激做出反應的這種特殊性；尤其是當湯姆面臨情緒壓力時，他特別能感受到這一點。然而，為何外部的刺激會對我們的飲食行為產生如此巨大的影響呢？這其實是有很好的理由。

飲食的內在世界與外在世界

由於數千年來我們的祖先一直蒙受著飢荒的威脅，他們不僅得要對於自己體內所發出的營養不足訊號快速做出回應，還得要能在有機會獲得富含營養的食物時盡量攝取。在這當中，對於外部刺激的可反應性幫了他們大忙。直到今日，它依然幫助我們解決攝取食物的基本問題，那就是：人體會不斷地消耗能量，但食物卻並非總能輕易獲得。

由於在任何情況下，體內的能量流都不會停止，因此我們「必須」具有前瞻性地進食，所攝取的總要多於我們正消耗掉的，藉以將多餘的能量儲存在身體裡。藉助外部的刺激增加食慾，有助於我們達成前瞻性飲食。[12]

外部的刺激、精神的反應，此外還有情感，有時可以輕輕鬆鬆地就勝過身體的信號。因此，單單只靠身體的過程，無法預測飢餓感的波動，或是我們的用餐時間與份量。控制我們的飲食行為的系統會同樣受到內部與外部的影響。這就好比一個頭長了兩張臉。

其中一張臉是向內看，負責處理身體的信號，觀測血液中營養物質的濃度、胃腸系統的變化、激素以及神經傳導物質的分泌。它位於較低的大腦部位，尤其是在下視丘與腦幹裡。

另一張臉則是面向外部世界，負責觀測顯示食物存在的信號。它位於較高的大腦部位。最後，每頓飯都是內部與外部的各式各樣的影響複雜地相互作用的結果。

飲食情感及其控制功能

「我們可以推測，嬰兒在吸吮時會感到快樂，而他們水靈的眼神則表明了，情況確實如此。」

查爾斯・達爾文（Charles Darwin）[1]

「每當感覺指出，如果有著有助於解決內在問題的某種刺激存在，這時就會產生愉悅感。」

米歇爾・卡巴納奇（Michel Cabanac）[2]

飲食與情感之間最基本的連結就表現在——食物會觸發情緒反應。飲食關乎舒適與不適、好感與惡感。為何我們會感受到這些情感，它們又是如何產生的？

受到果香與甜味的吸引，一隻家蠅落在廚房的桌子上，朝著一滴覆盆子果醬衝去。牠用前腿上的觸鬚觸碰著果醬。糖分子刺激了觸鬚中的感覺細胞，家蠅隨即伸出牠的口器吸吮起來。一旦牠的體內積累了足夠的營養，感覺細胞的興奮性就會下降，繼而不再觸發吸吮反射。

蒼蠅的飲食攝取是由一些簡單的反射所構成，據我們所知，這個過程是在沒有任何感覺、沒有飢餓感或飽足感、沒有可口或嫌惡之下完成。感受與情感是在晚近的演化中才加入了食物攝取的反射；在所有具有意識的動物身上，或許都能見到這種情況。而且這類動物為數頗為驚人。[3]猴子、人類和其他的靈長目動物，甚至於老鼠，在品嚐食物時，都會表現出情感反應。

人類在很小的時候就會出現這類反應。只要在新生兒的舌頭上滴一滴糖水，就會令他們微笑起來。他們神情輕鬆，張開嘴，將舌頭微微地向前推。他們還想要再多要一些。從一開始，早自出生後幾小時，早在還沒有任何被餵養的經驗，甜味就會令人感到愉悅。如

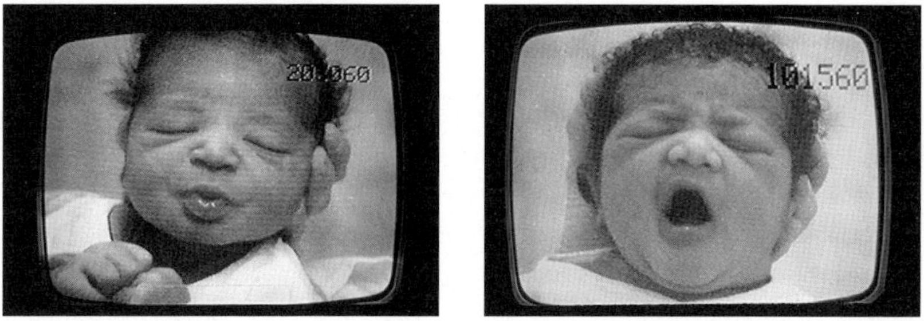

圖3｜甜味會觸發新生兒的正面表情反應（左），苦味則會觸發他們的負面表情反應（右）（取自Rosenstein & Oster，1988）。

果東西嚐起來是苦的，新生兒的表情就會陰沉起來。他們會皺起雙眉、撅起鼻子、張開嘴、把臉轉向側面、揮動雙掌與雙臂。他們會竭盡所能地抵抗他們正感受到的滋味。[4]

為何當我們嚐到甜的、苦的、酸的或鹹的東西時會感受到某些情感？畢竟，正如對於蒼蠅的觀察可見，攝取食物也是可以在沒有任何感受或情感下進行。

擇食問題

有別於「專食性動物」總是吃同樣的東西，例如無尾熊吃尤加利葉、貓熊吃竹芽、樺穗長蝽（Kleidocerys resedae）吃樺樹種子，「雜食性動物」，例如老鼠、豬和人類，基本上則是什麼都吃。然而，最徹底的雜食動物其實是人類。他們會以黑麥、燕麥、玉米、木薯、馬鈴薯、水果、蔬菜、雞、鴨、鴿子、鵪鶉、野牛、水牛、馴鹿、羊駝、豚鼠、山羊、魚、青蛙、螃蟹、蚱蜢、甲蟲、臭蟲、蟬、螞蟻，白蟻和蟑螂等為食。在印度人們會以五十多種蘑菇為食，至於在日本則有八十多種，而在中國則有七百多種。[5]

人類會吃任何含有營養的東西，可謂是如假包換的雜食者。人類的食物種類繁多，可讓他們適應各種不同的生活環境，但同時卻也會帶來問題。他們必須從各式各樣的食物中選擇含有足夠營養的食物，包括碳水化合物、蛋白質、脂肪，還有各種維生素、礦物質和微量元素。多元化的菜單可以幫助人類解決這個問題。與此同時，人類也必須保護自己免受難以消化甚或有毒的食物所侵害。

我們人類與其他的雜食動物該如何解決選擇食物的問題呢？最簡單的方法或許是，帶著某種不會認錯正確食物的感覺出世，也就是，帶著某種天生的食慾。一旦我們的身體缺乏某種營養，我們就會宛如自動渴望含有那種營養的食物般。

有時我們確實會有這樣的感覺。有天晚上，我渾身是汗地帶著某種令人感到折磨的、近乎痛苦的對於肉的食慾醒了過來。我夢到一大盤的維也納豬排和炸薯條。我聞到且看到酥脆的油炸食物，令人垂涎欲滴，但我卻一口也吃不著。所有的一切就彷彿是存在於一面看不見的牆後面，我完全碰不到它們。到了第二天，我索性就去了一家餐廳，吃炸薯條和維也納豬排。此舉讓我感到十分滿足，從那時起，我就又能睡得香甜且安穩。當時我的身體是否因前幾個星期沒有吃肉而缺乏蛋白質呢？這樣的缺乏是否激起了我的食慾呢？

對鹽的渴望

在一九四〇年時，美國心理學家庫特・里希特（Curt Richter）收到了某個一歲男孩的父母的來信。這個小男孩十分熱衷於吃任何鹹的東西。「……他從不吃沒有鹽的早餐或晚餐，如果沒有鹽，他就會大哭大鬧，彷彿他非吃到鹽不可……」不僅如此，他還會去舔蘇打餅乾上的鹽，會去吸吮鹹得要死的培根，有時甚至還會直接吃鹽。當他會開口說話時，他說的第一個字居然是「鹽」。

令人遺憾的是，這個個案後來竟有著悲劇性的發展。那個小男孩被帶去醫院接受檢查，才短短幾天後，他就不幸離開人世。在驗屍後，人們發現有顆腫瘤破壞了腎上腺的功能，導致他的身體缺鈉。他對鹽的強烈食慾是由於對缺鈉的反應。醫院的飲食害死了他，因為其所含的鹽分並不足以為他的身體提供足夠的鈉。[6]

事實上，強烈渴望某種食物，往往都是會有身體方面的原因。月經前後幾天想吃巧克力之類的甜食，可能是荷爾蒙所致的情緒波動所造成。此外，懷孕期間，不少婦女也會變得愛吃與平時截然不同的東西，像是泥土、黏土、澱粉、灰燼、白堊、麵包粉或冰。乍看之下，這種異乎尋常的偏好會讓人感覺是某種飲食行為失調，但它們卻能發揮維持生命的功能；能夠保護胎兒免受毒物或病原體的侵害。[7]

庫特・里希特想要深入了解關乎營養的食慾這類現象。他先讓受試老鼠的身體缺鈉，接著提供牠們低鈉與高鈉（等同鹹味）的食物。受試老鼠毫不猶豫地選擇了鹹味的食物。他後來又用其他營養物質進行了一系列的實驗。如果他讓受試老鼠的身體缺鈣，牠們就會偏愛含鈣的食物。結論顯而易見：必然存在著某種先天的感受力、某種想要攝取所有維生所需的營養物質（蛋白質、碳水化合物、磷、鈉、鉀、鈣與維生素）的食慾。[8]

然而，當里希特讓受試老鼠的身體缺乏硫胺（thiamine；又稱：「硫胺素」、「維生素B_1」）時，卻發生了一件怪事。硫胺（維生素B_1）和鈉一樣，對於神經系統的運作也是不可或缺的，而且只能儲存會被快速消耗的少許數量在體內。人類的硫胺儲備會在十到二十天內耗盡。由於缺乏硫胺會導致諸如循環系統疾病、心臟衰竭、痙攣和麻痺等後果，若有某種對於硫胺的先天食慾則會非常有益。然而，里希特的受試動物卻沒去動那些可以幫助牠們解決缺乏硫胺這個問題的食物。牠們並未如同缺鈉那樣迅速且可靠地補償硫胺的不足。里希特不禁自問，為何會這樣？[9]先天食慾的概念並無法解釋受試動物的行為，牠們的行為必然有其他的原因。而這與學習過程和情感有關嗎？

讚嘆反感

在我大概十歲大時，有天晚上，我在鄰居家的廚房裡吃晚餐。她把周日晚餐的剩菜（丸子麵團和培根）拿去炸；由於味道很好，我吃了兩份。夜裡，我在一陣難忍的噁心感中醒了過來，接著我就嘔吐了。從此之後，我對丸子麵團的厭惡持續了好幾年。無論它們有多可口，我都食不下嚥；光是看到它們，就會令我引發強烈的反感。

誠如心理學家約翰・賈西亞（John Garcia）在一九六〇年代的一項具有開創性的實驗中所示，這種傾向其實是學習過程的結果。他先給受試老鼠喝水，之後再用微弱的X射線在受試老鼠身上製造噁心的感覺。一如預期，當研究人員在接下來的幾天裡再次提供飲水給受試老鼠，牠們都會避免喝水。

然而，賈西亞並不因而感到滿足，他又萌生了一個相當不錯的點子，據此進行了一系列的實驗。他修改了一下飲水的脈絡：在其中一種情況裡，他給受試動物喝具有甜味的水；在另一種情況裡，他則給受試動物喝明亮且響亮的水（也就是說，當牠們在喝水時會同時發出一些聲光信號）。接著他同樣也誘發了受試動物的噁心感，並且也在次日再為受試動物提供飲水。這時他所觀察到的情況對於學習心理學而言十分重要。如果受試動物喝了明亮且響亮的水，這時牠們仍然會去喝水；如果受試動物喝了具有甜味的水，這時就無法再誘使牠們去喝水。牠們會把噁心與味覺刺激連結在一起，卻不會把噁心與亮光和噪音連結在一起。這其實也很有道理，因為，在自然界中，亮光和噪音不會引發噁心的感覺，可是食物卻會，而且動物可以透過它們的味道加以辨別。

賈西亞的實驗表明，刺激與反應之間的連結其實不是任意的。令人感到訝異的還有，即使味覺刺激僅與噁心有過一次連結，而且從喝水到噁心兩者之間已經過了數小時之久，受試動物還是學會了迴避反應。賈西亞總結指出，對於食物的反感相關的，很快就能學會，因為對於諸如老鼠之類的雜食動物而言，防止感染或中毒是非常重要的事。[10]

食物反感的現象還表明了，我們在進食上服從情感多過理性。我對丸子麵團的厭惡持續了好幾年。我其實很明白，如果烹調得當，它們很容易消化，也很美味；然而，這些認知卻完全無助於扭轉我對丸子麵團的反感。我只要一看到，甚或一聞到丸子麵團的味道，就會不由自主地感到厭惡。

習得的食物反感具有幾個值得注意的特性：它們很快就能習得，可以維持很長的時間，有時甚至會持續一輩子，而且它們還會抗拒理性。它們也會幫助我們找到對的食物；

如同前述關於缺乏硫胺的主題那樣。且讓我們再來看看另一些關於硫胺的實驗。

心理學家保羅・羅欽（Paul Rozin）曾在賓夕法尼亞大學（University of Pennsylvania）重做里希特的實驗。他最初所做的觀察與里希特相同：缺乏硫胺的受試動物不吃含有硫胺的食物。牠們沒有認識到，那些食物含有救命的維生素，顯然牠們對此沒有先天的食慾。令人訝異的是，即便如此，牠們仍然存活下來。在更加仔細地觀察牠們的行為下，人們這才曉得，牠們是怎麼辦到的。

因應硫胺缺乏的關鍵性反應，不是偏好受到提供的含有硫胺的食物，而是避開迄今為止那些不含硫胺的食物。研究人員了解到，那些致病的東西會遭到拒絕，是因為受試老鼠會吐出不含硫胺的食物，就彷彿它們有毒，而且，即使牠們餓了很久，牠們也會堅持拒絕吃下那些食物。這種反感會強烈到，這點致使牠們不得不尋找新的食物。如果牠們意外碰到了含有硫胺的食物，雖然牠們不會立即藉由這種維生素的味道識別出它，可是過了一段時間，當缺乏硫胺的不良後果消退後，牠們就能識別出。牠們會以這樣的方式逐漸學會偏好這種食物。[11]是以，在彌補硫胺的不足上，關鍵性的因素並非先天的食慾，而是學會避免攝取迄今為止不含硫胺的食物。

先天的食慾不能解決選擇食物的問題。這種機制所發揮的作用，遠比里希特最初所猜想的要小得多。在缺乏維生素A的情況下，我們不一定就會想吃豬肝；在缺乏維生素D的情況下，我們不一定就會想吃鯡魚。當我們需要維生素K或硫胺時，我們也不一定就會想吃胡蘿蔔或抱子甘藍。

唯有當所涉及的營養物質與某種食物及其獨特的口味特性緊密相連時，才會形成先天的食慾。但這類情況卻並不多見。硫胺還會存在於豬肉、鮪魚和燕麥片中；鰻魚和牛奶含有維生素A；乳酪和多種魚類含有維生素D；生菜、白菜和細香蔥則含有維生素K。根據我們今日所知，人類對於鈉和鈣具有先天的食慾。至於其他營養物質的補給，主要則是透過學習過程逐步建立，誠如缺乏硫胺的例子所昭示。[12]

我們是如何學會喜歡披薩、巧克力與蔬菜湯

我又想到另一段童年的回憶。有一回，在前往義大利度假期間，我不幸生了病，一連好幾天都不能吃東西。當時我飢餓地躺在床上，我的肚子感覺就像是個巨大的坑洞。我的幻想單單圍繞著披薩打轉：薩拉米香腸披薩、火腿披薩、蘑菇披薩⋯⋯。在我恢復健康後，我獲得了一個巨大的披薩。那個披薩上頭撒有薩拉米香腸、火腿和蘑菇，邊緣酥脆，散發著橄欖油、大蒜與奧勒岡葉的香味。它嚐起來宛如一個奇蹟，味道是如此美妙，以致

我迄今依然熱愛著披薩。這種飲食偏好賴以為基礎的學習過程，對於人類的飲食行為而言，與學習避免攝取某些食物同等重要。因為我們也得學會偏好能為人體提供所需營養的食物。藉助實驗，我們很容易就能看出這樣的學習過程。

研究人員會先提供受試者一份低蛋白的早餐，也就是一份低蛋白的餐點：一片塗了牛油、蜂蜜或果醬的吐司，一碗米片以及一杯咖啡或茶。午餐時間提供的是一碟湯，還有一份布丁作為甜點。這套「餵食模式」接連進行了幾天：首先是吃低蛋白早餐，幾個小時之後再來些湯品和甜點（其中的蛋白質含量會在受試者沒有察覺下有所變化）。午餐中的蛋白質含量在某一天會少一點，在另一天則會多一點。在這當中，研究人員會讓膳食裡的蛋白質含量與口味形成關聯：根據實驗條件而定，午餐時間供應的蔬菜湯或蘑菇湯含有許多蛋白質。在實驗的第四天與最後一天，湯品的營養成分相同，只有口味不同。不過，這時受試者可以自行選擇；事實證明，他們偏好與蛋白質含量高相關的口味。對於他們而言，口味成了補給早餐所缺少的蛋白質的信號。由於蛋白質的補給對於生存至關重要，因此單單一次學習經驗就足以讓人習得這種偏好。

食物偏好是根據與「食物反感」相同的原理習得；我們感知食物的味道，繼而在進食後感受身體狀況的變化。我們會不由自主地將味道與我們的身體狀況的變化連結起來。如果它們是令人愉悅的，就會形成某些偏愛，例如，在非常飢餓時，身體獲得了給養，或是，在吃了低蛋白的早餐後，午餐攝取了大量的蛋白質。由於這樣的經驗，食物的味道成了一種信號，並且在我們的身體裡觸發了所謂的「代謝期望」。之後我們單憑直覺就能知道，攝取某些食物很有益處。

這些直覺式的期望會很微妙地告訴我們，當我們攝取某些食物時，身體可以期望獲得哪些營養物質。如果那些營養能夠滿足我們當下的需求，對於那些食物的好感就會增加。披薩在我個人的飲食記憶中占據很高的排名，不單只是因為它當時令我感到非常可口，更是因為它有效地平息了我的飢餓感。這種學習過程甚至還會增加我們對於那些我們無論如何都已十分喜歡的食物的好感。就連巧克力（在所有的食物中，它無疑是最受歡迎的一種），當它們能夠滿足對於營養物質強烈的身體需求時，對於它們的渴望同樣也會增加。

在一場實地研究中，研究人員每天都讓受試者吃一條巧克力棒。有些受試者只在他們飽足時吃巧克力，有些受試者則是只在飢餓時。如果是在飢餓時吃巧克力，幾天之後對於巧克力的渴望就會顯著提高。

食物偏好也會受到其他學習過程的影響，不單只是在飢餓的身體特別良好地獲得能量補給時。對於我們而言，形成「所涉及的飲食『不會』影響我們的身體健康」這樣的偏好便已足夠。這時我們可以確定，它們不會造成任何傷害。早在母體裡，我們就會以這樣的方式形成食物偏好。新生兒會偏好與母親在懷孕期間的飲食中帶有同樣香味的牛奶。[13]日後，在學習食物偏好上，我們則會添加來自社會夥伴的直接信號。

他人的影響

一七二四年五月四日，人們在哈梅恩（Hameln）附近的一片田野中發現了一個年約十三歲的裸體男孩，他一言不發，臉部卻有著明顯的表情，而且還瘋狂地動來動去，彷彿在為自己終於被人發現感到高興。他的脖子上掛著或許曾是一件襯衫的東西。當人們給他麵包時，他拒絕了。他顯然從未見過麵包，取而代之，他吃了草和其他植物，他剝去幼枝的樹皮並咀嚼了它們。他會吃豆莖，卻不吃豆子。他只吃在那之前他賴以為生的某些食物。

而其他在荒野中長大、從未與人類接觸過的棄兒，會到樹上尋找水果、堅果或鳥巢，會在地上尋找藥草、根和腐肉，還會潛入溪流和池塘捕捉青蛙或魚。[14]他們喜歡生食，他們吃東西的方式更像他們所遇到的動物，而非人類。

我們需要其他人類的榜樣，藉以知曉，我們該吃與不該吃哪些食物。在一項研究中，研究人員提供給二至五歲的受試兒童不同顏色的麥糁粥。他們的對面有個同樣也在吃麥糁粥的大人。如果那個大人的麥糁粥與受試兒童的麥糁粥顏色相同，那麼受試兒童就會吃得更快、更久且更多。日後在我們的人生中，當我們觀察到他人在進食時會產生正面的感受，我們同樣也能見到這種成人榜樣的刺激作用。在群體裡我們往往會吃得更多，甚至會吃到兩倍的量，這並非偶然。[15]

在所有的社會性動物中，同種生物的行為會影響食物的攝取。母雞會誘導牠們的小雞，牠們會先啄食一粒飼料，然後讓它掉回地上。小雞會啣起飼料藉以模仿母雞。老鼠會從其他老鼠的呼吸識別牠們吃了什麼食物，進而精確地選擇那種食物，因為牠們可以確定那種食物是無害的。年幼的狒狒會偏好成年的狒狒也會食用的那些植物。

我們多半會與他人一起吃飯，這樣的經驗有時會影響我們一生的飲食習慣。

在一項訪談研究中，我們詢問了受訪者們過往主要的飲食情況，受訪者們一再描述家裡的三餐。在其中的一次訪談中，一位婦女談到了童年時期在屠宰日裡喝過的血湯。光是用看的就令人作嘔。然而她的父親卻舉起手站在她的身後，強迫她把湯喝光。後來她就再也不喝湯了。「我完全忘不了那碗湯，一輩子也忘不了。」[16]

決定性地影響人類的飲食行為的學習過程，唯有透過他人的影響才能實現。反之，飲食方面的習慣也會促進共同的生活。共同的飲食習慣會催生某種休戚與共的感覺。在墨西哥，年輕人會去吃辣到令人痛苦的辣椒，因為他們希望自己被接納為他們所屬的社群團體的正式成員。在諸如法國等西方的工業國家裡，「平民百姓」經常會吃燉菜與肉類菜餚，至於「上流人士」，則會吃「健康」且低熱量的食物，還會遵照嚴格的禮儀用餐。誠如社會學家皮耶・布迪厄（Pierre Bourdieu）所指出，諸如此類與階級有關的飲食習慣，不單只是經濟生活條件差異的結果。它們還促進了對於所屬群體的認同，凸顯了與其他群體的分界。[17]

飲食情感的創造

我們與其他的雜食性動物之所以能夠在複雜的飲食世界中找到自己的出路，那是因為我們能夠學習。雖說我們擁有某些可以用在食物攝取上的天生的反應模式，例如，吸吮反射、吞嚥反射及喜愛甜味，提高了嬰兒喝母乳的意願；抗拒苦味刺激則可防止他們遭到毒物的侵害，然而，光靠天生的反應模式，還是無法確保我們的生存。具備學習的能力，我們才能為身體補給所需的營養。我們學會抓取食物、將它們放入我們的嘴裡、咀嚼它們、品嚐它們；我們學會感知飢餓與飽足；我們學會避免有害的食物、偏好有益的食物。

在人生的過程中，我們會有成千上萬的飲食經驗。大腦會記錄它們，對它們進行比較、排列與儲存。我們可以把這個儲藏庫想像成一個卡片箱。在每張卡片上都記錄著造成影響的飲食經驗的特徵；像是飲食的情狀、食物本身、食物的氣味與口味、食用後的身心狀態等等。強烈的飢餓感、披薩所散發出的香味、它的口味、它的飽足效果；在記憶裡會有一套內容豐富的飲食經驗目錄，一旦我們進入某個新的飲食情境，一旦我們得要決定我們何時該吃多少什麼，大腦就會回去翻閱這個檔案。它會逐頁翻找，搜尋類似於當下的飲食情況的經驗，繼而憑藉它們做出決定。如果我肚子餓，此時正好行經一家義大利餐廳，它就會告訴我：披薩會是個不錯的選擇。學習過程可說是飲食行為的關鍵。既然如此，為何我還要寫一本關於飲食情感而非學習過程的書呢？那是因為情感是學習的關鍵！

在一九五〇年代時，美國心理學家保羅・湯瑪斯・楊（Paul Thomas Young）同樣也觀察到，老鼠會針對性地選擇食物，只不過，他所得出的結論卻與庫特・里希特截然不同。他懷疑「身體的智慧」與先天食慾的重要性。

有別於里希特，身為行為學家約翰・華森（John Watson）的學生，著眼於行為及其生理基礎，楊則是立足於可追溯至實驗心理學創始人威廉・馮特（Wilhelm Wundt）的一項傳統上，而馮特曾廣泛地研究過關於情感的問題。楊觀察到，食物的味道以及體內營養物質的供應量波動會引發情感反應。他最重要的假設之一是，憑藉這些情感反應才使飲食學習成為可能。如果情緒是正面的，它們就會強化行為；如果情緒是負面的，它們就會弱化行為。[18]

飲食的情緒負載始於飢餓。如前所述，在幾個小時未再進食後，我們會感覺到各式各樣的身體變化，像是胃部的活動、口乾舌燥、頭痛、喉嚨卡卡或胸悶等等。我們會對嗅覺刺激、味覺刺激和口中的觸覺刺激更敏感地做出回應。[19]而且，每個飢餓感都會伴隨著某種不愉快的感覺，隨著食物匱乏的時間越長，這種感覺就會越強烈。甚至於，就算我們不曉得缺乏營養，我們也會越來越感到不舒服。

在一項實驗中，當受試者在不知情的情況下，被研究人員藉由輸注胰島素降低血糖水平時，他們立即感受到了情緒的惡化。他們變得飢餓、疲倦、緊張且易怒，他們的整個情緒狀態都蒙受了損害。

相對於飢餓，飽足同樣也會有情緒方面的負載。在飽餐一頓美好的飯菜後，我們躺到沙發上，整個世界顯得如此祥和。我們心滿意足地打著盹，巴爾札克（Honoré de Balzac）甚至把這種狀態說成是「最高的愛的享受」。在上述的胰島素實驗中，當研究人員藉由補充些許葡萄糖促使受試者的血糖水平再次回歸正常，受試者很快就又恢復平靜。[20]或者，簡單地來說：營養物質的補給會讓情緒狀態改善，營養物質的缺乏則會讓情緒狀態惡化。

為何我們會感受到這些情感狀態的變化呢？

如果我們可以想像一下某個不會感受這種情緒變化的生物體，我們就會容易看清這個問題。這個生物體會為自己供給食物，但在此過程中他卻完全無動於衷。他的反應就像一部自動機器，不會感受到匱乏在生存上的意義。相反地，能夠感受到飢餓的生物體會受到驅動與折磨，他的情感狀態則會通報威脅。飢餓的相應情感負載會讓我們覺察營養補給的緊迫性，從而增強我們採取行動的意願。[21]

然而，究竟是什麼觸發了這些情感呢？隨著每回體內營養物質的可支配性產生波動，就會引發情感反應；即使當我們感知到食物，尤其是當我們嚐到、聞到食物，或是在口中接觸到它們的結構。味覺情感特別重要；對此，有時些許香料就已足夠。

在一項實驗中，研究人員提供受試者一份義大利麵食，要求受試者在用餐過程中反覆評估自己的飢餓感。一如預期，飢餓感會隨著用餐的持續時間遞減。它表現得相當「生理」，也就是說，吸入體內的營養越多，飢餓感就會變得越弱。然而，若是人們使用些許奧勒岡葉來為餐點提味，飢餓感卻也會隨之增強。在用餐過程中會使得食慾大增。

在另一項實驗裡，研究人員提供受試者搭配不同抹醬的白麵包塊，並且記錄受試者的咀嚼模式與吞嚥模式。味道較好的麵包塊會被更快吃掉。[22]據此，可口的風味會提升進食的意願，加速食物的攝取；它會促使我們的身體去獲取這種（而非其他種）食物。

反之，負面的味覺情感則會促使我們抗拒。在我大學時所居住的合租公寓裡，我們偶爾會對冰箱裡的食物失察。我還清楚記得一塊粗鹽醃牛肉的事。早餐時，我從那塊肉上切下一片，當我把它擺到我面前時，我猛然發覺幾隻白色的小蛆從中爬了出來；當時的情景至今依然歷歷在目。當下我徹底被噁心給打敗，再也沒有什麼能夠誘使我進食。噁心是一種特別精簡且重要的飲食情感。因此，我將在後頭詳細說明這個主題。

不過，我們應該要先知道的是：飲食負載著情感。當我們看到、聞到或嚐到食物時，我們就會感受到情感。當體內營養物質的可支配性降低，或者，當身體獲得營養物質的供給，我們就會感受到情感。

所有的這些情感反應——揪心的飢餓感、平靜的飽足感、美味可口、令人作嘔——都發揮了十分重要的作用。它們賦予食物攝取不可或缺的迫切性，它們有助於及時完成飲食，有助於選擇正確的食物；簡言之，它們會引導我們的飲食行為。

請你想像一下，你是在無感的情況下飲食。你會看到、聞到與嚐到食物，但卻不會感覺食物令人愉悅或不快。研磨咖啡與剛出爐的小麵包的香味不會對你造成任何影響，你冷

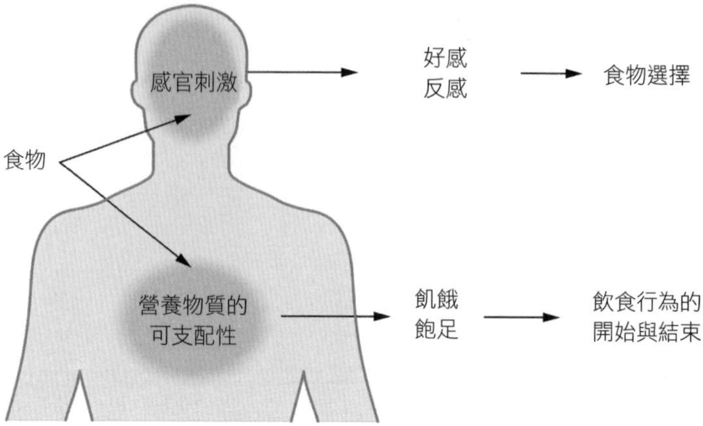

圖4｜食物通過感官刺激與體內營養物質可支配性的波動會觸發情感反應：飲食情感。它們在控制食物的攝取上扮演著重要的角色。

眼以對餐廳裡的美味佳餚，無論它們烹調得多麼完美，你都心如止水。在這樣的情況下，你該如何決定何時吃多少什麼呢？

飲食情感是某種信號。它們會通報我們，來自內在世界的身體過程的重要性，以及來自外在世界的與食物有關的刺激的重要性。它們會告訴我們，我們是否該吃，我們是否該攝取或避免這種或那種食物。因此，那些原本與食物毫無關係的情感（像是恐懼、憤怒、悲傷、喜悅等等）也能決定性地改變飲食行為。

情緒一族

「情感讓我們具備了所有人類行為賴以為本的慾望和快樂。沒有它們，我們將淪為計算機，僅此而已。就此而言，情感其實也是理性的。」

愛德華・奧斯本・威爾森（Edward Osborne Wilson）[1]

情感和情緒瀰漫在我們的生活裡。沒有它們，人類的行為就無法被理解。什麼是情緒？有哪些情緒？為何我們會感受到它們？它們與飲食又有什麼關係？

城市裡有棟出租公寓，那是一棟簡單樸素的戰後建築。某個夏日的夜晚，白天的高溫依然逗留在柏油路面。在稍微涼爽一點的樓梯間裡，有位身材矮小、頂著黑色短髮的女性正緩緩地爬上五樓。她叫瑪麗（Marie），現年五十二歲，是個銀行職員。上樓後，她打開了房門，人卻還站在走道上。她傾聽著。一切都靜悄悄的。她小心翼翼地將一串鑰匙放在衣帽間的桌子上，隨即走入廚房，放下購物袋。她疲憊地倒在椅子上，雙手掩面。在這間公寓裡，她無法不想著他。衣櫥裡還掛著他的襯衫，浴室裡還擺著他的刮鬍刀，他的書桌上還放著他的行程表。他去世已有一年多的時間了，然而，一直到現在，每當她走進他們一起生活過很久的公寓，沉重的悲傷卻依然如面紗般籠罩住她的靈魂。

諸如失去伴侶之類的人生經歷總會引發強烈的情感。它們也可能會是：童年時期的成長、青春期的危機、求學期間的考驗、職場的壓力、結婚、孩子的出生、疾病甚或死亡。人生可謂是一連串的情緒觸發事件。

就連在日常生活中，同樣也是充滿了我們會以情感回應的情況；像是擋風玻璃上的罰單、等待預防性檢查的結果、某個擦身而過的路人的微笑、城市之上的湛藍天空等等。我們每天都至少會經歷一陣強烈的情緒，甚至還有更多短暫的、不太明顯的情感。[2] 對於我們的思想與行為而言，情感所具有的重要性，估得再高也不為過。

然而，偏偏許多心理學家都對研究它們卻步。在一九五〇年代時，許多人還都認為，情感並非科學研究所能涉及的領域。某些人甚至預言，針對情感所做的研究很快就會淪為受人嘲笑的天方夜譚。[3]然而，事情卻往相反的方向發展，情感研究逐漸變得興盛。只不過，懷疑論者倒是說對了一件事：研究情感不是件容易的事。

在嘗試確切指出情感為何這一點上，就已顯示出來。它們是遺傳的身體反應嗎？是神經程式嗎？是末梢生理激發模式嗎？又或者，其實僅僅只是愉悅感和不適感？專家學者莫衷一是，人人都有他們自己的定義。有些聽起來很無助：「我們把情感定義成有機的反應模式……儘管沒人曉得如何區分情緒模式與非情緒模式……」[4]

什麼是情緒？

真是奇怪。若有某種情感席捲我們，我們同樣也能肯定它們的存在。當我們高興時，我們會感覺到輕鬆、自在。當我們恐懼時，我們會感覺到手心冒汗、心跳加速、肌肉緊繃。當我們羞赧時，我們會感覺到臉上發燙。從主觀上講，情感確實就在那裡；就客觀上講，它們卻是很難掌握。它們通常都是可見的，尤其是在面部的表情與身體的反應中。然而，我們卻也能在情緒絲毫未曾顯露下感受到它們。由於沒有任何單一、客觀的情緒跡象，所以我們很難正確地掌握情緒。我們應該如何估量某種情感呢？科學藉由在多個層面上（經驗、行為與身體反應）來觀察情感的過程來解決這個問題。

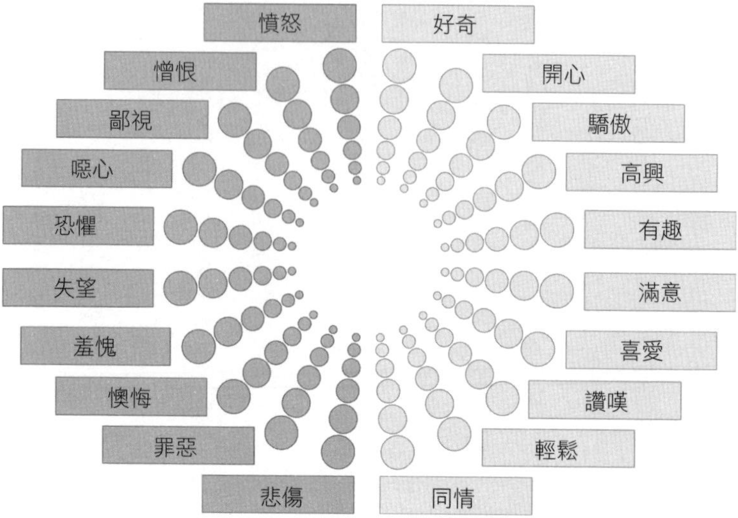

圖5｜情緒一族十分龐大。情緒圈所顯示的是最重要的一些正面情緒與負面情緒（根據Scherer et al.，2013）。

獲知感受的最佳途徑是詢問。由於語言具有許多描述情感的用語，因此在這當中多半可以使用預先定義的情緒詞彙。舉例來說，我們可將最重要的一些情緒排列成一個圓圈。

受訪者可以決定哪個詞彙最符合自己當下的情感狀態，繼而評估這種感覺的強度。所感受到的情感越強，就選擇圓圈中越大的點。

但詢問法卻也有缺點。它無法保證不被錯覺蒙蔽，也不能用於幼兒及語言能力受限的人。因此，情緒研究者還會考慮在情緒激發時身體的種種活動，像是大腦、心血管系統、激素系統、肌肉或皮膚等方面的活動。他們也會觀察情緒表達、面部表情、手勢及說話的聲音。[5]同時在多個層面上觀測情感發生，可說是識別一個人當下的情感狀態最佳的方法。透過這種方式，我們就能克服各種情感分類所帶來的困難。

研究人員也以類似於觀測情緒的方式解決了定義情緒的問題。他們把情緒定義成反應模式，它們則是由以下幾個部分所組成：感受的顯著變化、身體的反應、認知、思考與行為的變化。因為情感的特性之一就是，它們會遍及整個人；一個人的感受、身體、臉部表情、手勢及行為意願。

情感也會使個別系統融為一體。當我們恐懼時，我們會感覺到軟癱，我們的脈搏和血壓會增高，我們會把注意力全都集中在威脅上，例如蛇、考試或公開表演等等，與此同時，我們採取行動藉以克服威脅的意願也會增強。

為何我們會感受到情緒？

無論我們喜不喜歡，情感都會侵入我們的生活。它們往往會相當強烈，以至於我們幾乎難以應付。且讓我為你描述一個這種情緒化的情況：在我們這棟出租公寓的閣樓裡，法布里齊歐（Fabrizio）正躺在沙發上；他現年二十出頭，身材略顯肥胖。電視機在閃爍著，但他對周遭所發生的事卻視而不見、充耳不聞。這時他正忙著觀察自己的心跳。每一次的加速、每一次的不規律，都會令他惶惶不安。這樣的惶恐使他的心臟跳得更快。數月以來，恐懼已然宰制了他的生活。害怕期末考、害怕失敗、害怕心臟病發作……。然而，他明明很健康也很正常，為何這樣的恐懼會侵襲他呢？為何瑪麗在她的丈夫去世很久後，還是會被那樣的悲傷壓得喘不過氣來呢？為何大自然會賦予我們情感呢？

在西方的思想傳統中，人們長期以來都將情感視為激情，認為它們阻礙了美好的、由理性所引導的生活。對於奧古斯丁（Augustinus Hipponensis）而言，這是人類墮落的結果。對於史賓諾莎（Baruch de Spinoza）而言，這則是人類不自由的原因。驕傲、嫉妒和憤怒名列七宗罪（seven deadly sins）。在達爾文的進化論影響下，人們才開始轉趨認為，我們的情感其實具有維持生存的功能。

一旦我們判斷某事對於我們的幸福安康至關重要，就會產生情緒。如果事情看起來會對我們構成威脅，我們就會感受到負面的情緒；如果事情看起來有益於我們，正面的情緒就會淹沒我們。順道一提，這裡所說的「事情」，不單是指外部所發生的事。就連思考、想像與記憶等內部的過程，同樣也會觸發情緒。每回思念亡夫，瑪麗都會再次被那樣的悲傷侵襲。法布里齊歐的恐懼則是由他的想像所引起；他總認為，自己恐怕會和父親一樣，早逝於心臟病發作。情感會有長久的影響，它們也會變得極端，從而對我們造成負擔。

然而，情感其實可以幫助我們應對複雜的世界。它們能使我們的知覺更敏銳，提高我們的行為意願，還能發送信號給他人，告知他人我們怎麼了。悲傷有助於我們處理損失，恐懼有助於我們應對威脅，憤怒有助於我們維護利益，快樂有助於我們培養個人技能與社會關係。[6]情緒會以這樣的方式引導生物體進行切換，這些切換有助於針對種種需求做出反應。由於這些需求是形形色色的，所以情緒也是如此。

情感有哪些？

情緒一族十分龐大，它們是由截然不同的許多角色共同組成。有些角色相當不起眼，以至於我們幾乎沒有注意到它們。另有一些角色卻是極其搶眼，以至於它們總是停留在我們的腦海中。有些只出現片刻，有些則會陪伴我們數小時、數日甚或數月之久。情緒會是令人感到愉悅或不快的，會是令人感到壓力沉重或輕輕鬆鬆，亦可能會是雜亂的或確切的。為了讓如此的多樣性有點條理可循，人們把它們分成了三類。

第一類包括了基本的情感，尤其是恐懼、憤怒、悲傷和高興。每個人都能感受到它們，根據它們的基本特徵，我們也能在動物身上觀察到它們，它們也被稱為基本情緒或主要情感。每種這類情緒都是由典型的事件觸發。比如悲傷是對損失的反應。當我們感覺受到威脅時，就會產生恐懼。高興是由愉悅的事情所觸發。當別人不公平或不友善對待我們時，我們就會憤怒。

每種這類情緒也都會有典型的反應模式。比如悲傷會把注意力引往內心，並且降低採取行動的意願。相反地，高興會提升對於外界的興趣。恐懼和憤怒則會驅使我們的行為，還會引發身體的激動，會使得血壓上升、心跳加速、肌肉緊繃。

除了恐懼、悲傷、憤怒和喜悅之外，還有其他一些基本的情緒。它們常與他人有關。當我們認為，我們其實有權擁有另一個人所擁有的某些東西，我們就會感到嫉妒。當我們認為，某個我們所愛的人不再愛慕我們，而是愛慕他人，我們就會感到嫉妒。當我們認為，自己違反了道德原則，我們就會感到罪惡。當我們覺得自己出醜，我們就會感到羞愧。最後，噁心這種與飲食有關的情緒，也包含在基本情緒中。這種情緒雖然令人不快，卻也起著至關重要的作用。

為何我們會感到噁心？

我們看到優格上有黴菌、湯裡有死蒼蠅、咖啡中有結塊的牛奶，這時我們會萌生惡感。我們不會去吃、喝那些優格或湯，我們會把咖啡推到一旁。噁心是由任何進入人體後可能造成傷害的事物所引起，諸如變質的食物、唾液、嘔吐物、尿液、糞便和其他排泄物，此外還有傷與病、蜘蛛、蛇和蟑螂等等。

噁心的根源可以追溯到很久以前。海葵在演化史上已有五億多年的歷史，如果我們餵以具有苦味的物質，牠們就會把牠們的胃部外翻。牠們會表現出某種令人聯想起嘔吐的防禦反應，這是保護身體免受危險物質侵害的最後手段。不過，在人類方面，噁心不單只會由物質引起。

在一部關於婚姻詐欺的紀錄片中，一位受騙婦女描述了她是如何逐漸意識到，那個假裝愛她的男人，在利用她的積蓄富裕他自己。那段談話是在他們分手了幾個月後錄下的，她的幻滅伴隨著失望。她表示：「當我想到，我曾和他一起睡在這張床上，我就不禁感到噁心。」她還做了個凸顯其噁心的姿態，扭曲著嘴，厭惡地轉過臉去，彷彿舌頭滿是苦澀的味道。

根據表情的反應我們可以看出，社會和道德方面的噁心，與其他形式的噁心具有相同的根源。在一項實驗中，受試者品嚐了令人不快的苦味、鹹味和酸味的樣品，觀看了上有昆蟲、傷勢或排泄物的照片，還在一場比賽中遭受對手的不公平行為。與此同時，研究人員利用電極記錄了在受試者的臉部肌肉中最細微的、根本無法看見的反應。儘管刺激不同，但它們卻使同一塊肌肉處於高度緊繃的狀態；這塊肌肉從上頜骨與顴骨延伸至嘴巴，它能促成上唇上提與鼻子皺起，而這是噁心的典型反應。[7]我們不僅會藉助身體的防禦對腐敗的食物做出反應，同樣也會對不道德的行為做出反應。我們會皺起鼻子、扭曲嘴巴、伸出舌頭、嘔吐。所有的這些反應都會產生疏離。噁心具有極其重要的作用，它能防止毒物和病原滲入身體，甚或滲入心靈。

心情與體驗色調

早晨睜開雙眼仍在半夢半醒之際，有時我會因疲倦和不適而感到沮喪，也許那是一場已經從我的記憶中溜走了的惡夢的餘音。我拉開窗簾，抬頭仰望早晨的天空，心情也隨之舒暢了起來。諸如此類的情緒波動，往往不如重大的情感那般容易為人所識別與區分，相對而言，它們較為混亂，也較不明確。然而，它們卻同樣也會令人感到愉悅或不快，多多少少會有激發的作用，此外，它們也會影響我們的思考與行為。

心情是一種信號系統，它們會告知我們關於身體的物資儲備的資訊。因此，它們也會在沒有任何外部原因的情況下出現。它們會在幕後運作，會讓我們隱約地意識到，我們當下的狀況是如何。感冒初期，當身體已經受到侵襲、不過症狀尚不明顯時，我們往往都會感到疲倦、虛弱和情緒低落。這些情緒波動預示著疾病。醫師暨自然科學家卡爾・古斯塔夫・卡魯斯（Carl Gustav Carus），當他將這種感覺稱之為「下意識與意識的美妙交流」時，所想的或許就是這類情緒波動。[8]

第三類的情感狀態更加難以掌握。體驗的色調會順帶地出現，以至於有時我們甚至根本沒有察覺到它們。當我們看著某個風景或某張臉孔，當我們聽著某段音樂或某個聲音，此時不單只會產生感官印象，我們不單只會記錄下顏色、輪廓或聲響。風景會給我們一種廣闊的感覺，音樂會令我們愉悅或憂鬱，臉孔會引發我們的同情心；每種這類情緒色調都有助於我們分類感知對象所具有的意義。感知與思考幾乎總會伴隨著符合情感的體驗色調。

情緒一族有著又大又廣的分支。恐懼、憤怒、悲傷和高興，還有種種的心情與體驗色調都是其中的一員。然而，無論我們所感受到的是微弱或強烈的情感，唯有在我們的周遭或是在我們自己的身上，發生了某些我們認為攸關我們幸福安康的事情，它們才會出現；像是失去伴侶之類的人生事件，或者，像是鄰居有隻十分吵鬧的惡狗之類的日常生活事件等。

情緒會引導我們的思想和行為，我們則可藉此更妥善地應對人生的種種挑戰。恐懼有助於應對危險，憤怒有助於維護利益，悲傷有助於重獲新生。心情會通報我們的儲備狀態。體驗色調則有助於分類感官印象。所有的這些情感狀態都有目的，它們也都可以改變我們的飲食行為。

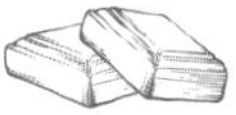

情感通向飲食的途徑

「吃素菜，彼此相愛，強如吃肥牛，彼此相恨。」

《箴言》（第十五章，第十七節）[1]

諸如悲傷、憤怒或恐懼等情感以及心情波動都會改變飲食行為。它們會抑制或促進食慾、增加或減少食量、加快或減慢飲食速度、提高或降低飲食樂趣。這些變化是如何產生的呢？

當瑪麗下定決心，就算悲傷，也要好好享受這個夜晚，她不曉得，這頓晚餐會有多不尋常。她先是找出一堆東西，番茄、羅勒、橄欖、乳酪、麵包、紅酒，接著把它們帶到陽台上，帶進夏日傍晚溫和的空氣中。她深吸了一口氣，望向城市。往日的種種再度浮現腦海，在不知不覺中她又潸然淚下。她抗拒地將一塊番茄塞入嘴裡；感覺很冷。她咬了口白麵包；感覺很乾。她又喝了口酒；感覺毫無任何滋味。她不禁想：「如今我連味覺也都失去了！」

我們在一項實驗室的實驗中也觀察到了類似的現象。我們藉助一段短片讓受試者陷入悲傷的心情中，還請受試者吃塊巧克力。悲傷的心情降低了可口的感覺與進食的樂趣。當我們藉助另一段短片營造愉快的心情時，巧克力變得似乎更好吃，這時受試者會想吃更多的巧克力。飲食情感的這種變化，可以藉由悲傷或高興對於感受和行為的影響來解釋。喜悅提升了接受與處理外部刺激的能力，它們打開了感官。開心的人會「想要擁抱世界」，也會在飲食中找到更多的快樂。悲傷則會減縮我們對於外界的興趣，它們會使我們把注意力向內轉移。因此，在悲傷的情況下，我們也會有些典型的動作，像是下垂的頭、彎曲的上半身、流淚、向下望的眼神等等。悲傷的人會想要遠離世界，也會對飲食失去興趣。瑪麗所經歷的食不知味是她的悲傷的附隨現象。[2]她不由自主地將飲食的感受與剛剛經歷的情感混為一談。

然而，如果她的悲傷更加強烈，那會發生什麼事情？當我們經歷高強度的情緒時，飲食行為會如何變化？

強烈的情感如何改變食慾

請你想像一下，你被帶進一間研究室，工作人員請你坐到一張椅子上。你等待了幾分鐘，看了一下窗外，想了一些事情。接著，有位身著白袍、態度友善的先生出現了；他做了一下自我介紹，表明自己是研究計畫的負責人。他說明了你正在參與的這項研究。這項研究所要探究的是，疼痛刺激是否會改變味覺感知。你得在皮膚遭受電擊的刺激下品評餅乾的滋味。工作人員送了一盤小餅乾進來。那位身著白袍的先生請你脫下鞋襪。接著他將電極貼在你的腳踝上，並告訴你：「遭受電擊恐怕會很痛苦。得要使用較高的電壓，它們才能對你的味覺感知造成影響。不過，它們當然不會對你造成永久性的傷害。」

這時你或許會感受到某種不舒服的感覺。你的肌肉緊繃，你的心跳加快，你的雙手變濕。或許你會想要躍起身來，逃離那個房間。或許你會感到害怕。

研究計畫負責人接著說道：「為了正確評估刺激的效果，首先得要檢驗一下餅乾在沒有電擊刺激的情況下嚐起來的滋味。請你隨心所欲地吃！」

這是社會心理學家史丹利・夏克特（Stanley Schachter）所構思出的一項實驗。他的目的是什麼呢？有別於他事先所做的說明，他其實對於疼痛刺激本身的效果完全不感興趣，而且他在進行電擊實驗前就終止了實驗。藉由這種方式，他就能查明，恐懼是否會改變飲食行為。其結果是：在恐懼時受試者所吃的餅乾數量較少。[3]

強烈的恐懼會抑制飲食的意願，因為它們會引發與飲食不相容的一些反應。恐懼會加快心跳、收縮血管、減少腸子蠕動。它們會把我們的注意力引往威脅上，所有其他的事物都會被漠視，包括飲食。當法布里齊歐害怕地癱在沙發上時，他沒有去碰桌子上唾手可得的巧克力。他所想的只有他的恐懼。

當其他的情緒高漲時，它們同樣也會將飲食放兩邊；就連高興的情緒也不例外。情人有「蝴蝶在肚子裡」（德文「Schmetterlinge im Bauch」；形容戀愛中的忐忑心情，意思類似於「心中小鹿亂撞」），所以他們不餓。這種食物攝取的抑制是強烈情感的自然結果，因此在動物中也能觀察得到。[4]只不過，在某些情況下，強烈的情緒卻也會提高食物的攝取量。

節食為何會失敗

且讓我們再來看看出租公寓裡的故事。住在四樓的派翠西亞（Patrizia）正站在鏡子前塗抹著睫毛膏。她是位現年二十歲的女大生。她受邀參加一場生日派對，滿心期待著夜晚的到來。出門時，她把外套穿好，將包包背在肩膀上。她心情愉快，樓梯間的腳步聲在她聽來宛如音樂。在過去的幾週裡，她吃得不多，頂多只吃點水果和蔬菜。她減了肥，衣服穿起來相當合身。

在現代社會中，節食可說是日常生活的一部分，約有三分之二的女性和百分之五十的男性有過節食的經驗，他們曾經減少飲食，藉以減輕體重或保持苗條身材，他們在幾週的時間內盡可能少吃碳水化合物，將自己的飲食局限在早自石器時代就已延續下來的食材，他們只吃奶昔或白菜湯，或者乾脆禁食。

節食的情況十分普遍，而且人們在很年輕的時候就會開始節食。在針對萊茵河與內卡河地區的青少年所做的一項頗具代表性的研究中，大約每兩個少女就有一個覺得自己太胖，而且她們也嘗試過藉節食來減肥。在體重過重的女孩中，幾乎人人都是如此。只有一小部分的受訪者對於自己的外表感到滿意。[5]

在這當中，節食根本沒有任何效果。減肥計畫的參與者大多都會在兩年或多年後恢復或超過減肥前原本的體重。短期減重與長期增重是節食最常見的結果。人們可能會像派翠西亞那樣減掉幾公斤的體重，但卻鮮少能夠實現較大且較持久的減重。

節食如此頻繁的原因之一或許也就在此。人們會反覆地嘗試，總是希望，終究能夠減重成功。失敗的原因也是瘦身產業的生意基礎；它們在二〇一四年創造了將近一千五百億美元的營業額。[6]

然而，為何節食的作用如此有限呢？或許是因為它們會引發某些身體與心理的反應，這些反應則會無可避免地將我們推回原本的體重。

不過，節食真正的問題其實並不在於它們的效果有限。危險的是，它們會促發進食障礙（eating disorder）。

且讓我們跟著派翠西亞前往她準備赴約的派對。在派對上，她遇到了一個讓她有好感的男子。她很興奮，接著她把目光轉向了自助餐。不久後，這位男子端了滿滿一盤食物送到她的面前。她想嚐嚐嗎？她先吃了一點，覺得自己欲罷不能，只吃一盤恐怕並不過癮。她節食的決心被拋諸腦後，興奮與美食挑起了已經積累了幾週的飢餓感。在她吃完後，她猛然發現，自己的肚子太脹了，於是便到洗手間去催吐。

在一九七〇年代時，彼得・赫曼（Peter Herman）與珍妮特・波利維（Janet Polivy），藉由一項如今已成經典的研究，說明了情緒所致的節食失敗。他們向受試者們解釋（如同前述夏克特的實驗那樣），該項實驗旨在探究，疼痛的觸覺刺激是否會影響味覺感知。那些受試女性同樣也帶著恐懼等待著疼痛刺激。這時工作人員送來三碗冰淇淋（草莓口味、香草口味和巧克力口味）。研究計畫負責人則告訴受試者：「為了做出味覺評判，你想吃多少都行。」

如同參與夏克特的研究的受試者那樣，許多受到嚇唬的受試女性吃得很少，然而，另有一些受試女性反倒吃得更多，這樣的反應乍看之下似乎有點矛盾。在恐懼下食量增加，這其實與赫曼和波利維所說的「節制飲食行為（restrained eating behavior）」這種行為模式有關。這是什麼呢？

節制飲食者會計算卡路里，即使在飢餓時，他們也會設法盡量少吃。他們會自我限制，藉以保持苗條。但飢餓卻會在潛意識裡悄悄繼續運作，而且會在情緒激動時冒出頭來。這時他們就會去做他們平時避免去做的事：吃東西。情緒激動破壞了他們的決心，也除去了飲食行為的束縛。

這種抑制的效應也會由其他的情緒觸發。在派翠西亞的情況裡，它就是出現在興高采烈下。如前所述，這是一種矛盾的效應，一個人若是節制自己的飲食行為，他就會在情緒的影響下更加失控，而且先前對於飲食行為的控制越嚴格，就會越失控。[7] 節食失敗會提高人們對於體重增加的焦慮。這也就是為何許多女性在故態復萌後會立即去催吐，藉以抵抗焦慮，從而陷入了進食障礙。

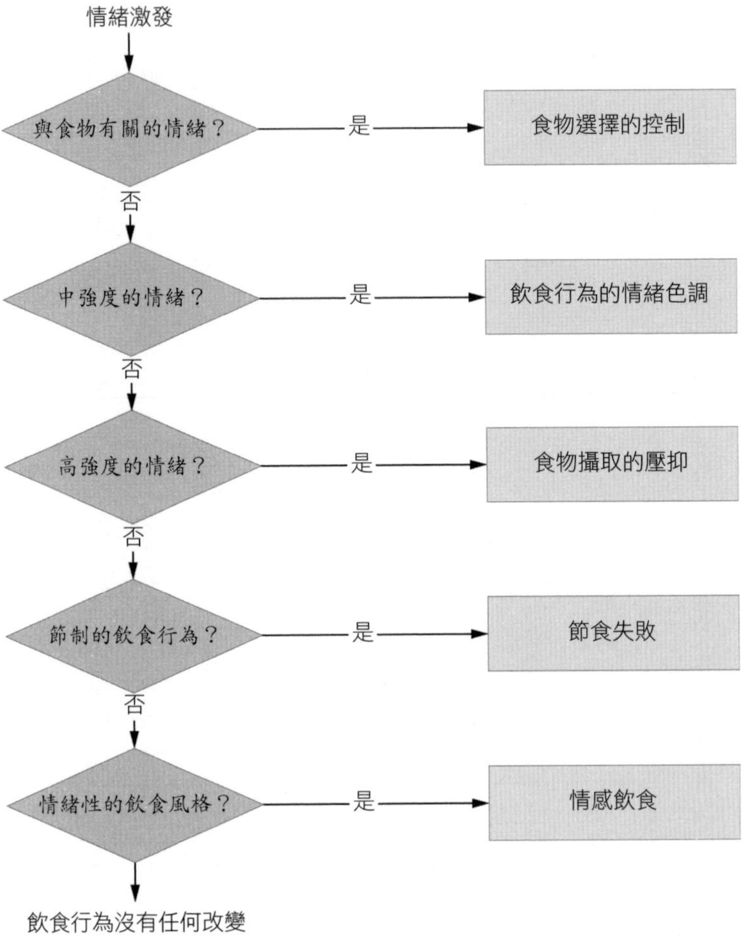

圖6｜情緒會以不同的方式改變飲食行為（根據Macht，2008）。

情感改變飲食行為的五種方式

如今我們曉得情緒改變飲食行為最重要的幾種方式。第一種方式是藉由食物本身。食物觸發了控制飲食行為的情感反應。美味可口會提高人們的食量，反之，惡感或不美味的食物則會抑制人們的食量。

不過，諸如高興或悲傷之類的情緒，同樣也會影響飲食行為。如果它們不是太過強烈，它們就會賦予飲食感受典型的情緒色調。悲傷會降低食慾；相反地，當我們快樂時，我們也會更樂於飲食。這是情感通向飲食的第二條途徑。

當出現非常強烈的情緒時，第三條途徑就會開啟。強烈的情緒會壓抑食物攝取；這種反應是由於這樣一種強烈的情感會引起與食物攝取不相容的身、心變化。

相反地，如果情感刺激使我們暴飲暴食，這多半與某些飲食習慣有關，習慣性地節制自己的飲食行為的人，在情緒的影響下，往往會吃得遠比他們所預想的更多。這是情緒通向飲食的第四種方式。也就是說，在節制飲食的情況下，情緒會矛盾地增進食物攝取，因為它們會除去對於食物攝取的刻意限制。

最後，我們也會為了讓壓力情緒比較容易被承受而進行飲食。飲食是應對壓力情緒最有效且最常見的策略之一。[8]這種飲食模式是情緒通向飲食的第五種途徑；關於這種途徑，我們還會再做更深入的探索。它與我們會如何回應我們的情緒有關；這是一種人們稱之為「情緒調節」（emotion regulation）的現象。

關於情緒的處理

情緒研究者宣稱，情感之所以至關重要，那是因為情感能使我們容易適應困難的處境。然而，為何它們會催促我們去做出某些讓我們事後會深感懊悔的行為呢？

在八月的一個星期天，一名現年四十五歲的婦女，在巴伐利亞的阿爾卑斯山裡，沿著一個風景如畫的湖泊的堤岸道路開車，並且一路尋找游泳的機會。她的女兒與兒子都坐在後座，他們的年齡分別是十二歲與六歲。有輛車門敞開的汽車停在右側的路邊，而有對年長的夫婦正在那兒將一隻狗捧入後座。那名女子把車子駛向停靠在路旁的汽車，並且短暫地停下車，因為有個騎自行車的人迎面而來。在他騎過去時，她聽到了一個沉重的聲響，於是她轉過頭瞧了一瞧，車子的後照鏡居然壞了。

老太太對她說：「那個人伸出腳踢了鏡子，然後就這麼一溜煙地騎走了。」

老先生接著說道：「要是我，我會去追他，妳還是能逮得到他。」

這位女駕駛其實正面臨著一連串的困境。她已經失業了很長一段時間，而且還陷入一場漫長的離婚訴訟。在那一刻，她被一種明媚的田園風光終會變成惡夢一場的感覺所籠罩。她掉頭去追那個騎自行車的人。當她終於追上他時，她猛踩油門，朝他撞了過去。他雖逃過一死，還是身受重傷。一段頸椎、七根肋骨、右上臂及右髖骨骨折。那名女子下了車，俯身靠在那名男子身上，雙手抓住他那顆流著血的頭問：「你為什麼要這麼做？」

後來也有人問她，她為什麼要這麼做？她在法庭上辯稱：「那絕非我的本意。我感到非常抱歉！」最終她被判處五年又三個月的徒刑。[9]

他們的反應該如何解釋呢？是否失業與離婚所導致的長期壓力，使得她對自行車騎士的憤怒升高成某種她無法抗拒的盲目憤怒？

強烈的負面情緒令人難以承受。恐懼可能會令人裹足不前，甚至嚴重到永遠不敢跨出家門一步。悲傷可能會轉為抑鬱；憤怒可能會轉為瘋狂的怒火。然而，問題倒比較不是出在情緒本身，而是出在往往相當笨拙的克服情緒的嘗試，或是出在先於情緒的評估。那位開車的母親之所以會變得那麼憤怒，或許是因為在那一刻，她把自行車騎士的行為看成是長久以來一連串威脅她生存的屈辱所達到的頂點。

我們能夠如何應對壓力情緒呢？情緒調節的策略至少與情緒本身一樣多元。我們不妨稍微簡化一點，將它們大致分為三類。[10]

某些策略是早在情感的形成過程中就得展開。它們的目的在於改變誘發情緒的事件，或發生於情緒反應前的問題。在最簡單的情況下，我們可以避開那些事件或避免那些問題。我們還能試著別把它們看得那麼嚴重、轉移視線、視而不見，或是以其他的方式去處理它們。有時，我們也能直接針對誘發情緒的事件採取行動，甚至排除它們；例如，我們可以要求鄰居不要老是把他的汽車停在我們的車庫前面。我們可以嘗試在對話中解決某項衝突。

然而，在許多情況下，誘發情緒的事件卻不是我們所能控制的。瑪麗無法阻止丈夫的死亡，那位女駕駛也無法阻止自己與那位自行車騎士相遇。在這樣的情況下，我們得將應對的重心擺在情緒本身，直接去處理它們。如果我們能夠這麼做，那麼造成情緒負擔的事件或許就會呈現出截然不同的面貌。

這種重新評估的方式在應對壓力情緒上特別有效。如果我們害怕考試，不妨告訴自己：考試固然重要，可是我的人生並不取決於考試。如此一來，恐懼就會喪失一點壓倒性的力量。如果那位女駕駛能夠看淡後照鏡遭到破壞的意外事件，而非將它視為一場災難，那麼她的行為或許就會有所不同。

在心理治療中，重新評估也被用作應對情緒的策略。舉例來說，如果我們改變對於我們自己和我們的生活條件的看法，如果我們對於這一切的評價沒有那麼負面，我們往往就能克服抑鬱的情緒。抑鬱的人飽受持續且強烈的悲傷之苦，那樣的悲傷往往是因為對於自己的負面看法而持續。重新評估的過程在這方面能夠提供相當有效的幫助，只不過，並非總是容易實現。直到丈夫去世數年之後，瑪麗才意識到，自己的人生還是有繼續過下去的價值。

相較於處理情緒，避免情緒要來得容易許多。避免的策略構成了可以應對情感的第三類策略。心理學家詹姆斯・格羅斯（James Gross），在一項頗具想像力的實驗中，證明了這種方法的有效性與實用性。他讓一組受試者觀看一部關於手臂截肢的短片，而且指示受試者，必須壓抑任何情感的表達；另一方面，他要求另一組受試者得從醫學的角度去觀看影片，換言之，得以一種新的方式去看待它。重新評估減弱了令人不舒服的感覺；然而，壓抑情感卻增強了伴隨情緒而來的身體反應。根據這項研究及其他的研究，格羅斯推測，若是我們經常壓抑情感，甚至會促進心血管疾病的發展。[11]

陌生的自身情感

有位年近五旬的女性，由於一場外科手術的緣故，多年來一直深為面部與頭部的疼痛所苦，她的例子說明了，如果對壓力情感的避免極端到情感完全喪失，那會發生什麼事。誠如訪談記錄所顯示，這位女性能夠詳細地描述自己的病程與身體不適，然而，當談論到她的情緒時，她就會變得語塞。

「妳能否多談一點關於那些醫療問題造成的種種感受？」醫生問她。

「我真的無法確定這些事情。如我所述，我一直……你知道的……對我來說，人生就是你自己創造的，不管發生什麼，而我從來就不是一個會非常情緒化地看待事情的人……我會嘗試透過分析來解決事情……」

「除了疼痛以外，妳在這段時間裡有何感受？」

「什麼也沒有。」

「什麼都沒有嗎？」

「是的。我就只是很虛弱，我就只是筋疲力竭……醫生們都束手無策，所以他們什麼也沒做。這就是令我生氣的地方。」

「妳能為我描述一下這種憤怒嗎？」

「好吧，我就只是覺得，我……嗯……試圖尋找（在我身上）所發生的事情的原因是沒有意義的。」

「生氣是什麼樣的感覺？」

「呃，這只是我所使用的詞彙，實際上，那很難用語言表達。」

醫師與心理治療師常會遇到無法談論或表達自己的情感的患者。這種現象被稱為「述情障礙」（alexithymia），意思就是「無法用言語來表達情感」。那些患者難以描述和感知自己的情感，也難以區別它們與身體的感覺。在他們的描述中，經常可以見到諸如缺乏想像力與行為取向的思維這些情況。有時他們與情感甚至會疏離到，見到自己哭了或笑了，也會令他們大吃一驚。

有位患者曾表示：「有時我會去看電影，看著看著居然就流下了眼淚。但那是它們自己來找我，因為我一點也不為所動。」

這種疏遠的根源往往在於創傷的經歷。有位女性患者曾表示：「在我小時候，我唯一有過的人與人的接觸，就是挨揍。」壓力事件導致情感變得令人不舒服，於是它們就被徹底地趕出意識外，或者，為了生存，必須被趕出意識外。情感事件逐漸隱沒，而且起初變得比較容易承受，然而，長久下來，它們卻會變得越來越難理解。其後果就是成癮和種種身體方面的疾病，像是風濕病、高血壓、關節炎等等，有時還會有進食障礙。[12]

我們如何應對情緒，這會對我們的健康造成重大的影響。不斷逃避壓力情緒，這種做法特別不利。這並不必然就代表，我們得像有述情障礙的人那樣，完全將情緒趕出意識之外，或是再也無法找到詞彙描述它們，倒也還是有其他的策略可以躲避它們。舉例來說，我們可以在精神上與它們保持距離，陶醉在一切都美好的白日夢中。或者，我們也可以去看看電影、做做運動、喝喝酒之類，諸如此類的活動可以讓壓力情緒變得比較容易承受；只不過，真正的問題依然沒有解決，情緒總會再度浮現。此外，逃避策略如果持續使用，它們本身也會成為問題；這點不單只有在喝酒或吸毒上顯而易見，就連飲食方面同樣也很明顯。

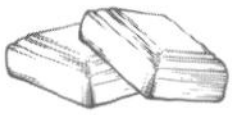

飲食的舒緩作用

「……在飽餐一頓或注射一劑嗎啡後，接著就能與世界和平相處。」

唐納德・赫布（Donald O. Hebb）[1]

享用一頓美食可以改善心情。美味可口，飢餓感也得到了緩解，我們再次對於人生在世有賓至如歸的感覺。這種舒緩的效果究竟是如何產生的？

回到家，他盡可能輕聲地打開大門，因為他的妻子和孩子早已入睡。他依然處於壓力之下，腦袋裡只想著：有什麼可以吃的？

約翰尼斯・W（Johannes W.）現年將近三十五歲，在一間家具店擔任主管，是位和藹的男性，有雙深邃、警醒的眼睛，工作是他的長生不老藥。每天早晨，在經過五個小時的睡眠後，他會掙扎著下床，接著灌下很多咖啡，藉以讓自己恢復工作溫度。早餐過後，他便會跳上車，驅車前往辦公室。他的日子忙得不可開交，一天到晚總有無數的磋商、電話與會議。除此以外，他還得回覆數十封電子郵件與信件。他一刻不得閒，總是承受著壓力，也從不休息。只有在極少數的時刻，當他的業務被中斷，當他一邊等著業務合作夥伴的電話、一邊看著窗外，或是當他在開車回家的路上，他才會感受到一股模糊的不滿。有那麼一瞬間，疑惑蔓延到他身上。他知道，自己開得太快了。他患有高血壓、心律不整，也常會腰痠背痛，但是他喜歡腎上腺素。

他在飲食方面和在工作方面一樣極端。白日裡，他只會吃個點心、一根巧克力棒，或者，在比較好的時候，會吃塊全麥三明治和一顆蘋果。萬一有很多工作，他就會什麼都不吃。當他回到家時，強烈的飢餓感會向他襲來。他會取來一大堆食物，半塊麵包配奶油起司、肝腸、薩拉米香腸或三盤義大利麵，倒在沙發上，邊看電視邊吃個幾小時。有時在開車回家的路上，他會去買些土耳其烤肉、披薩或炸薯條。

到了午夜的某個時候，在電視節目結束時，他會吃力地站起身來，再次到廚房裡漫遊，找點剩菜。有時他會發現一些巧克力，他會盡可能從容不迫地把它們吃掉，這是在短暫的睡眠前最後一場享受。有一瞬間，他感到相當幸福，儘管他知道，暴飲暴食對他的健康有害，但他就是改不了。如果無法滿足他的食量，他就會有被剝奪的感覺。消夜不僅平息了他的飢餓感，同時也帶給他安慰與如釋重負的感覺。

巧克力之謎

或許這可算是最受歡迎的安慰食物是從不起眼的小樹的種子中獲得，那種樹生長在赤道附近的熱帶雨林的樹蔭下。在十八世紀時創建了動植物分類系統的卡爾・馮・林奈（Carl von Linné），為這類植物命名為「Theobroma」，「神的食物」。從橘黃色到紅色的果實是直接生長在樹幹上，它們的外觀令人聯想起哈密瓜，它們含有多達五十顆豆子大小的果仁。瑪雅人與阿茲特克人會將其乾燥、烘烤並加工成深棕色的粉末，他們會用以此製成的飲料安撫眾神、塗抹他們的新生兒，還會自己飲用（混合辣椒、香草或蜂蜜）。

一五四四年，一群瑪雅人拜訪了西班牙國王，並把可可作為禮物送給他；從這一年起，可可被引入了歐洲文化圈。在歐洲，可可最初是被用於醫療方面，用來治療消化不良、痛風、風濕病、牙痛、失眠或排尿困難。當時人們只會偶爾將這種粉末搭配牛奶、糖和香料一起喝著玩。[2]

如我們所知，巧克力的製造方法是在十九世紀發展起來的。在製作的過程中，可可粉、可可脂、糖和牛奶，會在專門製造的機器中混合成均勻的團塊；昔日此一過程需要七十二小時，如今最多只需二十四小時。付出是值得的。成果就是創造出了或許可算是古往今來最受歡迎的食物。沒有什麼食物會激發更強烈的渴望，沒有什麼食物那麼經常為人所食用以求心情開朗。一般人每週會吃一片巧克力，重度的巧克力愛好者則每天會吃好幾片。[3]

它的吸引力在哪？是可可所含物質微妙的酸、苦、澀作用帶來的無可挑剔的香味嗎？是在食用時產生的獨特口感，是它入口即融的特性嗎？還是它會促進分泌腦內的「幸福荷爾蒙」呢？

巧克力會像藥物一樣作用嗎？

可可不僅含有豐富的芳香物質，也含有精神活性物質，包括：生物胺（如苯乙胺〔phenethylamine〕、酪胺〔tyramine〕與5-羥色胺〔serotonin〕）、胺基酸（如色胺酸〔tryptopha〕）與花生四烯乙醇胺（anandamide，這種物質會以類似於大麻的方式在大腦裡發揮作用），不過，最重要的則是精神興奮劑咖啡因（caffeine）與可可鹼（theobromine）。

因此，說巧克力有藥效，這絕對不是胡說八道。

在一項實驗室的實驗中，研究人員讓一組受試者吞下裝有可可粉的可可丸；其中的可可粉數量，相當於半片黑巧克力。一個小時後，研究人員記錄了受試者的情緒狀態。相較於安慰劑，可可確實明顯改善了受試者的情緒。服用等量的咖啡因與可可鹼，也會產生大致相同的效應。[4]

無疑地，可可所含有的興奮劑可以改善情緒。然而，這種方式卻無法完全解釋巧克力的舒緩作用。即使在可可含量高的巧克力種類中，精神活性物質的濃度還是很低。我們得要吃下大量的巧克力，才能達到相當於喝咖啡的效果；一杯咖啡所含有的咖啡因，就多過三片半牛奶巧克力所含的量。[5]

不過，食物會像藥物或精神藥物一樣起作用，這樣的理論卻仍在另一種脈絡裡出現。美國生理學家理查・沃特曼（Richard Wurtman）發現，在攝取富含碳水化合物的食物後，會有更多的色胺酸（它是血清素〔5-羥色胺〕的化學前體）這種胺基酸進到大腦。攝取碳水化合物會讓大腦獲得更多可以利用的血清素，這是一種對於飢餓、疼痛、睡眠與情緒十分重要的信使物質。沃特曼推測，糖果和其他富含碳水化合物的食物之所以如此受歡迎，那是因為它們會提高大腦中的血清素濃度，從而改善情緒。

他的理論廣受歡迎。我記得，在某個電視節目中，有人問一位糕點師傅，他要如何解釋他的甜食如此受到歡迎。他表示，當人們吃它們時，就會釋放出「幸福荷爾蒙」血清素。

然而，問題在於，血清素假說單單只是根據動物實驗，至於人體方面的研究，卻往往不太能得出明確的結果。儘管實驗顯示，吃下富含碳水化合物的食物可以緩解壓力反應，不過這種效果卻只在特別容易感覺有壓力的人身上才觀察得到。

這套理論的關鍵局限在於，根據觀察結果，單單一餐中僅占百分之五的蛋白質含量，就會阻止血液中色胺酸的選擇性增加；由此看來，含有蛋白質的食物是血清素幸福的終結者。由於絕大多數富含碳水化合物的膳食（與各式各樣的巧克力）之蛋白質含量甚至都高於前述的百分之五占比，因此血清素效應在日常生活中鮮少會發生。[6]

巧克力與其他安慰食品的舒緩作用，如果有的話，只有很小一部分是由精神活性物質或在大腦中有著較高的血清素可利用性所促成。順道一提，這同樣也反映在，早在巧克力的成分進到血液循環與大腦之前，巧克力就能改善心情。

飲食之樂如何驅除煩憂

漫步於巴黎市中心，我經過一家巧克力店。從店門旁的一小塊黃銅牌匾看來，這家老店昔日還曾是凡爾賽宮的御用名店。於是我進去買了一袋巧克力。在我步出店門後，我索性立刻拿了一顆出來嚐一嚐。這個不起眼、外覆黑巧克力的小立方體，彷彿在我的舌頭上表演了一齣三幕的味覺戲。剛開始，我感受到一股甜滋滋的味道，緊接著，浮現出一陣對比強烈的苦味，又再過了一會兒，當巧克力糖的核心開啟時，酸酸的水果奶油為整場表演畫下完美的句點。我一顆接一顆地吃著，每一顆都增添了我的歡樂。我陶醉地漫步在大街上，直到手裡的袋子空了，我才恍如隔世地清醒過來。

美味食物對於情緒的直接作用足以消弭極其強烈的壓力。嬰兒在接種疫苗時嚎啕大哭，如果這時在他們的舌頭上滴上幾滴糖水，就能瞬間安撫他們。相較於奶嘴，甜味更能有效緩解疼痛，這或許是因為，它們刺激大腦分泌（如鴉片般）具有止痛作用的物質。

在成人的身上也能觀察到類似的情況。在一項實驗室實驗中，我們讓受試者觀看了一段電影畫面，它的情節則是在講述某個小男孩得知其父親死亡的時刻。觀看影片旨在讓受試者迅速陷入悲傷的心情。然而，在受試者吃了五公克的巧克力後，他們的心情就立刻好轉。他們的反應正如嬰兒在幾滴糖水的安撫下，隨即緩解了疫苗接種的壓力。美味可口是巧克力減輕壓力的關鍵；受試者所吃的巧克力如果不是那麼可口，他們仍會感到悲傷。[7]

如果食物美味可口，那麼舒緩效果就會非常可靠，可以針對性地加以利用。在另一項實驗中，研究人員要求受試者操作電腦，當螢幕上出現某個信號時，他們得要盡快按下一個鍵。如果他們按鍵的速度夠快，他們就能獲得一塊巧克力；成功的次數越多，就能得到越多的巧克力。

不過，突然間，房間裡卻響起了嘈雜的噪音，使得受試者陷入了壓力狀態。他們變得緊張、煩躁、惱火，而且比先前更為頻繁地按下按鍵，因為可口美味只可以讓人暫時較能忍受壓力。而且，舒緩的作用又是只在巧克力好吃的情況下才會出現。另一組受試者所獲得的是長角豆（carob），那是從保健食品商店買來的一種巧克力的替代品。受試者對於長角豆提不起勁，往往只是意興闌珊地敲敲按鍵；這種獎品顯然不夠美味可口。

辛辛納提大學（University of Cincinnati）的一些實驗顯示出美味食物的作用有多麼厲害。

研究人員每日提供實驗組受試老鼠兩次甜食，至於對照組則是提供一般的實驗室飼料。兩週後，研究人員設法讓受試老鼠處於壓力狀態之下。吃甜食的受試老鼠所表現的壓力反應顯著較低。牠們的內分泌系統所釋放的壓力荷爾蒙較少，牠們的心跳較慢，而且牠們的行為也較為平靜。這種壓力消減全然是由口味所致，因為只要食物是甜的，就算是沒有熱量的食物，同樣也能減輕壓力反應。相反地，若是藉由輸注葡萄糖提供熱量（也就是說，沒有味覺刺激），則沒有效用。針對大腦所做的研究表明，美味會改變杏仁核的活動性；這個大腦部位在處理壓力上扮演著關鍵性的角色。[8]

藉助美味的食物減輕壓力，是一種在生物上根深蒂固的現象，因此同樣也能在動物中觀察得到。然而，我們人類卻能設法進一步提高這種舒緩作用。

記憶的力量

某天晚上，我很晚才能吃得上晚飯。我走進一家餐館，當晚的每日特餐之一恰好是燉雞，這是一道我在年幼時吃過後就再也沒吃過的菜。當我在菜單上看到這道菜時，我就曉得，這天晚上的晚餐應該是非它莫屬了。於是我就告訴服務生我想點什麼菜。在接下來的三、四分鐘裡，我不斷地回想著從前我和母親一起住在波士頓的公寓裡的情形。多年後，從前我們母子倆經常一起坐在裡頭吃飯的那個小廚房，首次再度浮現在我的腦海裡。這時那位服務生走了回來，她告訴我，很抱歉，今晚燉雞已經賣完了！基本上，這其實只是小事一樁……，然而，我卻突然有種天塌下來了的感覺。居然沒有燉雞了！加州大地震造成兩萬多人傷亡的消息，或許不會比這個回覆更令我感到沮喪。[9]

保羅・奧斯特（Paul Auster）筆下的小說人物馬可・史丹利・福格（Marco Stanley Fogg）曾描述過，關於食物的記憶如何營造安全感。這可說是一種眾所周知的現象。某種香氣、某種味道、某種無端再度湧上心頭的印象。直到今日，我依然清楚記得祖母在削馬鈴薯的那雙手，依然清楚記得在烤蛋糕時剩下的碎屑，與在露天游泳池裡的橘子冰淇淋的滋味。我們曾在春日裡採摘接骨木花拿去給我母親，我母親把它們加到鬆餅糊裡，再用熱油煎成鬆餅。我們在鬆餅上撒了很多糖霜，在屋子前面的台階上吃得津津有味。我們曾在炎熱的夏日午後一起喝草莓牛奶。我們曾在秋日裡下田挖馬鈴薯，然後把它們烤來吃。我們曾在冬日裡一邊看電視、一邊吃熱香草布丁。

諸如此類的經驗會深植於記憶中，尤其是當它們負載了情感時。當我們吃到從前吃過的某些食物時，甚或當我們單單只是想像從前吃過的某些食物時，這些記憶的痕跡就會重新浮現。

在加拿大心理學家伯納德・萊曼（Bernard Lyman）所做的一項實驗研究中，他讓受試者先閱讀諸如「烤牛肉」、「烤南瓜」或「焦糖布丁」之類的詞彙，再寫下自己所聯想到的一切。聯想十分多樣，若要根據內容分門別類，甚至需要十四個類別。而且，在大多數的情況裡，它們與食物完全沒有直接的關係。它們與人、地點、事件、天氣、季節、過去及未來有關，當然也與情感有關。[10]

大腦會將同時發生的事件連結起來，繼而將它們儲存在記憶中。就這樣形成了一個關聯網絡，也就是神經索的交織，情感、記憶、圖像與其他的資訊就儲存在它的節點中。一旦某個節點受到刺激，那些刺激就會被加進相關的節點。

出現於過去的某些情況下的刺激，會觸發對於這些情況的記憶。比如見到從前的母校，我們被帶回昔日的拉丁文課堂。突然間，我們再次見到老師在黑板上書寫著拉丁文單字。安慰性食物也會以這樣的方式與某種歸屬感相連；我們會在孤獨時吃下它們，因為它們能讓我們感受到我們曾感受過的安全感。[11]

數年前，德州的司法部公布了當地某些死刑犯所吃的最後一餐。那份列表看起來就像某間速食店的菜單：

- 義大利辣香腸披薩（中）
- 兩打炒雞蛋
- 炸雞
- 一顆蘋果、一顆橘子、一根香蕉、一顆椰子和些許桃子
- 二十四個墨式軟餅、六個墨式辣肉餡捲餅、六個脆玉米餅、兩顆完整的洋蔥、五條

墨西哥胡椒、兩個起司漢堡、一杯巧克力奶昔、一罐牛奶

那些被判處死刑的囚犯想吃他們一直都喜歡吃的東西（起司漢堡是最常被指名的食物……），而且他們對於食物的料理方式都有某種確切的想法：牛排不要太厚；融化的牛油不要放在蜂蜜麵包旁，而要放在蜂蜜麵包上；烤雞只能佐以白肉；起司餃只有一半可以填塞莫札瑞拉起司，另一半則得填塞切達起司。監獄裡的廚師解釋道：「這些食物都與罪犯們在年少時特別美好的回憶有關。」

死刑前的最後一餐就像是與情感有關的食物的某種極端變體，在這當中，特別的食物記憶扮演著重要的角色。然而，那些記憶、那些食物的味道，真能強大到讓人即使在行將就戮之際也能得到安慰嗎？我們恐怕永遠也不會知道。

死刑前的最後一餐或許也有助於安撫那些斷人生死的人的良心。他們或許想讓受刑人保持平靜的心情，好讓他們不會化為冤魂回來復仇。[12]無論如何，飲食的舒緩作用絕非只是由於它們的滋味與它們所勾起的美好記憶，飲食還有其他會對情緒發揮作用的性質。

藉助熱量的撫慰

清晨六點，珍妮（Jenny）起床，她盥洗了一會兒，換好衣服，喝了點咖啡。待到她覺得自己已然夠清醒了，她便開始一邊準備早餐、一邊喚醒現年分別為四歲與六歲的兩個孩子。早餐後，她先送女兒去小學，接著再送兒子去幼兒園，隨後她便前往一個大型廚房工作，她在那裡負責洗碗和打掃，他們一家生活所需不足的部分則得仰賴社會局所提供的補助。珍妮現年二十六歲，和兩個孩子一起住在一間兩房公寓裡。她的日常生活雖然十分單調，但卻總是充滿壓力。

她總是在為人生奮鬥，雖然她心知肚明，所有的奮鬥不過只是徒勞罷了。從她懂事以來，她一直都得自立自強。童年與青春期她都是獨自撐過，她的父母根本沒有時間照顧她。那時候，珍妮一心想要擺脫自己的家庭、擺脫日常的混亂，於是她索性輟學，找個男人結了婚。然而，她的丈夫不僅酗酒，而且還在他們的第二個孩子出世後就拋妻棄子，他沒有支付任何贍養費，珍妮又得自立自強，而且她也看不出自己有任何前途。當她到了晚間疲憊不堪地在鏡子前換衣服時，她為自己的身體感到震驚，在過去幾年裡，她的體型幾乎是翻了一倍。然而，如果沒有足夠的飲食，她會無法應付自己的人生。

像珍妮這種承受著命運所帶來的苦果的人，其實並非絕無僅有。有許多人也都會利用高熱量飲食來舒緩壓力。

在一項實地研究中，我們讓一群受試女性各自帶幾片巧克力、一袋蘋果和一包密封的信封回家。如果她們感到飢餓，那麼就在接下來的幾天裡於隨機確定的時間點打開其中一個信封。信中會指示她們該吃蘋果還是巧克力。在吃之前與之後，她們還得評估一下自己的心情。結果顯示：無論是吃了巧克力還是蘋果，她們在進食後心情都會變好。然而，過了一個小時後，在心情上，吃巧克力的人卻會比吃蘋果的人來得好。[13]相較於蘋果，巧克力改善情緒的作用似乎更為持久，因為巧克力所含的能量高出蘋果許多倍。

相較於成人，高熱量食物對於兒童更能發揮舒適作用，因為他們還不會對於攝取高熱量食物感到擔心。在一項實驗中，研究人員多次提供給兩到五歲的受試兒童不同能量含量與口味的優格，他們很快就對含有大量能量的口味產生偏愛。

就算食物根本沒有任何味道，攝取富含能量的營養物質同樣也能改善情緒。在魯汶大學（University of Leuven）的一項實驗中，受試者一邊觀看令人悲傷的畫面，一邊在不知不覺中被人灌注脂肪輸液到他們的胃裡。脂肪分子的湧入緩解了悲傷的情緒，這或許是因為，胃壁中的營養偵測器發出信號，表明身體獲得了能量補給，而這對大腦來說是個能夠立即改善心情的好消息。當富含營養的食物進入人體時，我們會不禁高興地迎接它們。諸如薯條、披薩和巧克力之類的安慰性食物都含有大量的能量，這點絕非偶然。[14]

富含能量的食物也會對內分泌系統產生各種影響。當我們遇到壓力時，腎上腺皮質會釋放出像是皮質醇（cortisol）之類的激素，它們有助於身體順應壓力，例如它們會提高心輸出量（heart output）。激素反應是一套複雜的控制迴路的一部分，其中涉及到了下視丘、腦下垂體（pituitary gland）和腎上腺皮質。誠如生理學家瑪麗・道爾曼（Mary Dallman）所指出，這種對於壓力事件極具重要性的控制迴路同樣也和食物攝取有關。也就是說，她發現了一種對於肥胖症的形成來說，或許特別重要的生理機制。

在她的研究中，她藉由限制受試老鼠的活動性，使牠們處於不自在且不由自主的狀態。受試老鼠無助地被置於這種持續且強烈的壓力之下，在歷經壓力階段後，這位生理學家給了受試老鼠普通飼料和摻有豬油與糖的加強版飼料。

承受壓力的受試老鼠吃掉了大量既甜又油的食物，激素壓力反應也隨之顯著減少。牠們偏愛高熱量的食物，因為它們會影響壓力事件的關鍵性激素過程；這是分泌皮質醇的腎上腺皮質，與控制這種激素分泌的大腦部位之間的相互作用。糖與脂肪緩解了激素壓力反應；然而，這一切並非沒有代價。過了幾天後，獲得既甜又油的食物的受試老鼠明顯變胖。牠們簡直就如同俗話所說的，吃了「哀傷培根」（Kummerspeck，意指「導致體重暴增的情緒性暴飲暴食」）。[15]

在富裕的社會中，或許就是那些最沒辦法分享到富裕的人們，更會去攝取高熱量的食物，藉以消弭他們的壓力。這意味著，像珍妮這類社會地位較低的女性，體重過重的風險最大。她們肥胖的可能性是社會地位較高的女性的兩到三倍。其中的原因或許也在於，她們面臨自己難以擺脫的強烈而持續的壓力（特別是當她們在貧窮線以下掙扎時），富含糖與脂肪的食物有助於她們去承受這種無助的處境。[16]

糖與自我控制

飲食的舒緩潛力遠不止於此。除了美味可口、記憶效應以及營養物質對於情緒與內分泌系統的作用以外，飲食還有另一種性質。在一九七〇年代，有位加拿大的民族學家，在拉祕魯的安地斯山脈（Andes）的某個小地方進行的田野研究中，觀察到了這個現象。在拉爾夫・博爾頓（Ralph Bolton）翻閱印加瓦塔納（Inka Watana）市府的檔案時，他發現一件令人訝異的事情。在當地土生土長的成年人中，居然有超過半數的人曾經直接或間接涉及謀殺或過失殺人。當地的兇殺案發生率遠高於地球上的其他任何地方。

為何科勞人（Qollao）那麼容易起爭執？他們非同尋常的攻擊性該如何解釋？有別於其他人在當時驟下結論，認為原因在於當地土著的「不良品格」或遺傳的人格特徵；博爾頓不以為然。他描繪了一個複雜的因素系統，這個系統與當地惡劣的生活條件有關；像是頻繁的極端高、低溫變化、高海拔所造成的氧氣缺乏、人口密度高、營養不良、咀嚼古柯（Coca）樹葉等等。然而，這個模型的核心卻是一個簡單的生理量，那就是：血液中的血糖量。博爾頓觀察到，如果科勞人的血糖越低，他們的言行舉止就越有攻擊性。[17]

葡萄糖是人體裡主要的能量載體，也是大腦最重要的能量來源。大腦每天會燃燒大約一百二十克的葡萄糖，這相當於二十五茶匙的葡萄糖。葡萄糖也是大腦最重要的功能之一的基礎，那就是：控制行為衝動。

這項能力被稱之為「自我控制」，它是目標明確的行為的前提。它讓我們得以做成某些令人不快、可是對於實現長期目標卻很重要的行為；例如在學習某種樂器時進行音域練習，或是為了保持健康前去森林跑步。反過來，它也會幫助我們控制那些起初令人愉快、可是長久下來卻會造成傷害的行為。在嘗試戒菸時，它會幫助我們控制抽菸的慾望。在嘗試減肥時，它會幫助我們抗拒吃得遠比計畫還多的誘惑。[18]

然而，當大腦暫時沒有足夠的葡萄糖時，自我控制就會受到侷限。這解釋了為何在血糖濃度低的狀態下會更容易出現具有攻擊性的反應。光是一餐不吃，其實就足以造成這種狀態。

在一項實驗中，受試學生獲得了能量含量被降低的早餐和午餐各一份。到了傍晚時分，他們不僅感到飢餓，而且還變得緊張且易怒。當他們受到噪音干擾從而陷入壓力狀態時，他們則會明顯表現出憤怒。至於吃了能量充足的飯菜的受試者，則沒有如此煩躁的反應。如果大腦獲得充足的葡萄糖供給，那麼具有攻擊性的衝動就會比較容易受到控制。

當研究人員讓受試學生在放學後玩一下某款會令人深感挫折的電玩時，他們的攻擊傾向就會升高。然而，如果事先讓他們喝一杯加了很多糖的檸檬水，他們的攻擊傾向就會降低。[19]

飲食是一種特殊的舒緩手段。它收效迅速、唾手可得、易於使用，而且在社會上也是合法且普遍受到認可，不良的副作用只在過度攝取或長期攝取下才會發生。沒有其他的物質或活動具有如此多能對情感發揮作用的性質。

光憑它們的美味可口，就足以緩解壓力，從前愉快用餐的回憶也可以增強這種效應。在進食後，含有能量的營養物質能夠改善情緒、消弭激素壓力反應。提供葡萄糖給大腦，則可促進自我控制，有時就連諸如可可裡的咖啡因之類的精神活性物質也會參與作用。

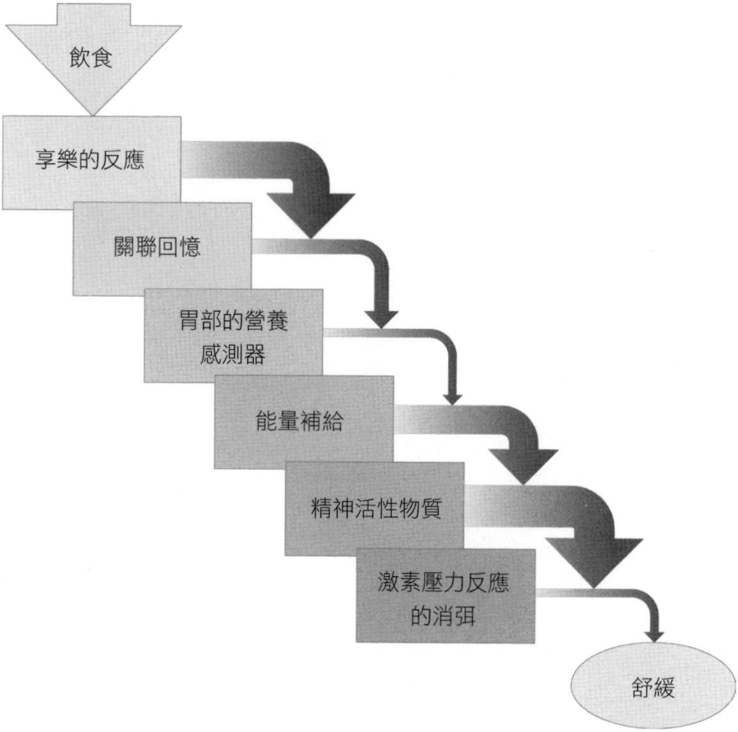

圖7｜飲食的舒緩作用奠基於多種機制。

很有可能，如果以上這些機制同時啟動並發揮作用，就會像山澗的溪水在每股水流的加持下暴漲，飲食的舒緩作用就會更強。

巧克力之所以在我們稱之為安慰性食物中脫穎而出，那是因為它們具有所有的這些舒緩性質；它們美味可口，富含營養成分，甚至還含有少量的精神活性物質，更遑論與它們有關的種種美好回憶。

也難怪，許多人在情緒緊張時會吃巧克力。不過，倒也還有其他許多食物，同樣具有美味可口與富含能量這些能夠發揮舒緩作用的重要因素。我們可從不含可可、從而也不含精神活性物質的許多廣受歡迎的甜食看出這一點；像是花生糖、杏仁糕、西班牙的杜隆糖（turrón）或土耳其的哈爾瓦酥糖（halwa）（它們是用糖、蜂蜜、榛果、杏仁、芝麻及開心果製成）等等。像這樣的甜食——這類特別美味可口且營養豐富的「食物」，同樣也能發揮舒緩的作用。

只不過，哪種飲食最終成為個人所選擇的安慰手段，這點則取決於學習的經驗。有本專業期刊曾報導過，一位年齡四十九歲的婦女，在面臨一場人生危機時，突然變得喜歡生吃胡蘿蔔。[20]她每天都會吃上兩到三公斤的胡蘿蔔，皮膚也因而轉為橙色。

情感飲食之謎

「一場嘆息與悲痛的瘟疫！它像吹破囊袋般將人吹毀！」

威廉・莎士比亞（William Shakespeare）[1]

有些人只會偶爾藉助飲食，好讓壓力感比較容易承受，然而，另有一些人卻會把這種手段化為固定的習慣，更有一些人會在壓力下暴飲暴食，以致患有進食障礙或肥胖症。這些差異該如何解釋呢？情感飲食的模式又是如何形成的呢？

二〇一〇年九月四日凌晨，紐西蘭的基督城（Christchurch）發生了一場大地震。這場地震摧毀了許多房屋、學校與醫院，也震裂了許多街道，還造成了停電和淹水。兩百多次的餘震更使該市居民一連驚恐了數週。他們深為焦慮、頭痛、疲累與惡夢所苦。他們無法得到安寧。

在災難發生前，在一項官方的調查中，人們碰巧記錄了一大群女性的健康狀況。當人們在地震過了幾週後繼續進行調查時，人們赫然發現，其中許多女性的食量變得遠比地震前多。她們藉助飲食的舒緩作用來應付情緒壓力。[2]

這種飲食模式被稱為情緒性飲食行為或情感飲食。我們也因此來到了「我們在萌生某種情緒之下飲食」的這個核心問題。情感飲食的情況不單只有在較大的情緒壓力下（例如發生一場災難之後）才觀察得到，就連在日常生活中，我們同樣也能見到，像是面臨考試壓力、面臨時間壓力、惱怒同事、感到孤獨或心情沮喪等等，誠如不少相關研究已證明那樣。[3]這種情況其實相當普遍，我們甚至可以在語言中發現不少蛛絲馬跡。俗話有所謂的「哀傷培根」（Kummerspeck，意即「導致體重暴增的情緒性暴飲暴食」）、「挫折飲食」（Frustessen）與「安慰飲食」（Trostessen）等等。在文學中，我們同樣也能發現一些在飲食中尋求慰藉的人物。巴爾札克筆下的邦斯舅舅（Pons），他對於是否有人會愛上他感到懷疑，於是轉向飲食尋求慰藉：「他像從前沉迷於藝術作品般陶醉在飲食裡……」而且「……在飲食中追求它們所能帶來的一切刺激。」

菲利克斯・霍夫曼（Felix Hoffman）是里昂・德・溫特（Leon de Winters）筆下的小說人物，他患有失眠，總在電視機前過夜，他會一邊看著報紙、雜誌或小冊子、一邊吞噬大量的食物。他是荷蘭駐布拉格的大使，在一場招待會後，我們在大使館的廚房裡見到了他，他正讀著在老屋的閣樓裡偶然發現的一本破舊的小冊子，史賓諾莎的《知性改進論》（*Tractatus de Intellectus Emendatione*）。然而，在他閱讀時，他卻（不可思議地）不斷地將魚子醬、鴨肝、帕馬火腿、甜瓜和酒汁鯡魚塞進自己嘴裡，並且用香檳、薄酒萊葡萄酒與伏特加將它們沖下燃燒的食道。自從他的女兒因癌症早逝之後，他就一直以吃來麻痺自己的痛苦。[4]

情感飲食有許多面貌。它可以是無害的習慣，也可以是進食障礙的表現。長久以來，心理治療師也指出，某些患者會藉助飲食來應付壓力感，而且因此變得肥胖。[5]

兩個臨床實例

午休期間，他去了超市，買了一份火腿小麵包，還在食品區逛了一圈。他是個身高兩米的男性，穿著牛仔褲、毛衣和雨衣，他的身材令人不禁聯想到相撲選手。他的黑髮被紮成了一條馬尾，左耳上還掛了一個小耳環。儘管身形肥胖，他卻如貓般靈巧地穿過排列緊密的貨架，途經牛奶、牛油、乳酪、黃香腸、薩拉米香腸、咖啡、茶，最終抵達甜食區。他稍微曲身向前，看了一下特價商品，那是巧克力、餅乾和小熊軟糖，接著便抓起了三包水果軟糖。

在返回辦公室的路上，他先吃了火腿小麵包；他上班的地點離超市不遠。回到辦公室後，他把自己的戰利品藏進辦公桌的抽屜裡。當他看到裡頭儲存的甜食存貨時，萌生了一股強烈的反感。「我其實厭惡那些東西」，他一邊想著、一邊接著開始自己的工作。他在一家電子商品批發商的會計部門工作，盡忠職守，經常得要填寫各種單據與表格，偶爾還得與客戶或同事通電話。但他基本上並不喜歡這份工作，也不喜歡在公司中因企業重組的謠言而瀰漫的低迷氛圍。

他坐在電腦螢幕前，無法集中精神，腦海裡總會一再浮現自己的愛好。在他的內心深處，他渴望能夠過上一種可以完全致力於那些事情的生活。他參加了一個業餘的戲劇團體，偶爾還會在家庭或公司的聚會上發表演說。憑藉他的身形與低沉的嗓音，他顯然具有成為一位演員的潛力。然而實際上，他卻是日復一日坐在辦公桌前。為此他深感不滿。若在昔日，人們或許會說這是邪魔或惡靈作祟。他的妻子說他失去平衡。他才四十五歲，卻已萌生退休之意。

到了下午晚些時候，他遇上了壓力，因為他的上司找他說話。這是例行的商談嗎？或者，他是否也成了企業重組計畫的受害者之一？他會被減薪嗎？他太陽穴上的血管不覺浮了起來。

光是將手伸向抽屜都會令人感到輕鬆，都能令人萌生得以鬆口氣的希望。他將一大把水果軟糖塞進自己的嘴裡，頓時便有種如釋重負的感覺。在他腦中最遠的角落裡，有個想法隱隱約約地浮現：「此舉著實無益於你！」儘管如此，他還是繼續大口大口地吃糖。這就如同性愛，只是比較簡單。享樂把所有的煩憂都推到了後台。他一連吃下許多水果軟糖、半包花生和一片巧克力，對於商談的恐懼也隨之消失。

他其實早就意識到了，自己的飲食習慣是個嚴重的威脅。他患有高血壓、呼吸急促與背部疼痛等毛病。兩年前，他曾因循環系統的問題而跌倒，撞傷了頭部。這場意外令他有所警覺。在一場集體節食中，他曾有幾個月的時間只吃流質食物，體重則減輕了三十多公斤。一種新的體感在他身上蔓延開來，然而，卻也由於缺乏了某些東西，他同時又感到不安。一年後，他恢復原本的體重，不過他也開始了一個新的減肥計畫。他與一位營養顧問做了一次長談，藉此設定了他的減重目標。他獲得一套個人的營養計畫。有位醫生給他做了促進新陳代謝的注射，他又再次減重，於是他去買了幾條比較緊身的褲子。想不到，一年後，他的體重居然又回復到原本的狀態。他索性再去找一位另類療法醫師諮詢，他們一起針對他的體態做了一番研究，醫師還開給他一套果汁療法。這種治療有益於他，只不過對他的體重卻沒有任何作用。

華特・M（Walter M.）來我的診所時，他的體重到達了一四〇公斤這個頂峰。然而，他的心情卻是掉入了深淵。逾越熱量限制的困難時刻不斷累積。他無法持久改變自己的飲食模式，無法維持曾經獲致的減肥效果。小熊軟糖總會阻礙他的瘦身之路。他無法長期節制自己的口腹之慾，尤其是在聖誕節期間。某個朋友慶祝生日，兒子慶祝他的孩子洗禮，緊接著，復活節也不遠了，他們前去度假。所有的這一切，如若沒有大量的食物，對他來說，簡直是無法想像。他不禁開始懷疑，這樣的痛苦值得嗎？節食模式之下的人生還值得過嗎？就算只要回復正常體重，也都還有很長、很長的路要走。

「這實在太累人了」，他承認，「我缺乏毅力、耐力。」

不僅如此，他的自制力也迅速減弱。當他開車去加油時，他會順便買點巧克力棒或巧克力雪糕，有時甚至兩者都買。誘惑十分巨大，當他向它屈服時，一切宛如自動發生。

「有時我在吃完東西後才注意到自己所吃的那些東西。」

我們如何才能克服這種顯著的、在壓力下飲食的模式？

我們可以藉助不同的技巧，來克服這些根深蒂固的習慣以及情緒所引起的對於食物的強烈渴望，只不過我們必須以適合個人的方式去應用它們。我將在關於克服有問題的飲食方式的章節中詳細介紹這個過程。有效治療的基礎是了解情感飲食的形成背景以及它的諸多面貌。因此，且讓我們再來看看另一個案例。

乍看之下，人們察覺不出莎賓娜・D（Sabine D.）的心理痛苦。她是個開朗、善於言詞、穿著很有品味的女性，目前從事自由廣告設計師的工作。她有張嬌嫩的臉孔、薄薄的嘴唇與碧綠的眼睛，還有一頭精心梳理的紅髮，整個人散發出優雅的輕盈感。

「我只有一個問題」，她對我供認，「我太常吃，也吃太多，而且我太胖了。為何今天早上在開車上班時，我要去買一大片巧克力然後把它一次吃掉？」

幾天前，當她在超市裡看到巧克力夾心餅時，她不禁想起了自己的童年。她不僅買了巧克力夾心餅，而且當她還在停車場時，就已經把整包餅乾吃個精光。

不過，這種「犯規」倒也並非常態。在絕大多數的情況下，她只會在面臨工作壓力與時間壓力、在擔心自己無法應付工作量，或是在憤怒時，才會這樣吃東西。在一場艱難的商談後，她會跑去小吃店吃些炸薯條與咖哩香腸。或者，她會餅乾一塊接一塊地吃、連吃三、四根巧克力棒；有時由於一下子吃進太多甜食，她甚至會失去味覺。在過去的一年裡，她的體重增加了十五公斤，她也為此感到相當痛苦，其中有一部分的原因則是在於，她覺得別人會用輕蔑的眼光看她。在感到受辱下，她反而又吃得更多。

華特與莎賓娜長久以來都會以吃來克服沉重的情緒。打從小時候，在他的父母早逝後，華特就已開始這麼做。從那時起，他就和他的姑姑住在一起，他的姑姑會用飲食來安慰他；除此以外，她不曉得該怎麼辦。飲食讓他比較容易承受哀傷，而這種在壓力下飲食的習慣則是跟了他一輩子。這種曾經習得的飲食模式已經習慣成自然；他從來不會在路過香腸攤或冰淇淋店時不買點什麼來吃。

相反地，莎賓娜則是有過快樂的童年與少女時代。她的父親是政府官員，母親則是醫生。他們住在市郊的一棟花園洋房。回首過往，她曾經度過一段無憂無慮的時光，曾在夏日午後與她的姐姐一起在花園裡快樂地玩耍。一直到她十五歲時，她才首次在飲食上尋求慰藉；這點她記得清清楚楚。那一天，她的父親為了另一個女人拋棄了他們這個家，莎賓娜呆站在廚房的窗戶旁，眼睜睜地看著父親離去，直到他從她的視野中消失。接著，她坐到餐桌旁，做起了三明治。從那時起，當她感到孤寂時，她就會吃吃喝喝。到了她二十四歲的時候，她遇見了她的摯愛，然而，在交往了三年後，由於她害怕自己將來也會慘遭拋棄，於是索性選擇分手。在後來的求學與工作的期間，當她在夜裡回家時，她會坐在廚房裡，吃些三明治或番茄醬麵食。她喜歡工作，她的人生也因工作而改變；只不過，她的感情生活卻始終得不到任何滋潤。

然而，究竟是什麼讓華特與莎賓娜變成了情感飲食者？他們之所以會形成這種飲食模式，難道只是因為他們曾在童年或青春期有過沉重的經歷嗎？看過他們的人生故事，我們或許都會這麼想。還是說，他們的經歷其實只是強化了藉助飲食應付壓力的既有傾向？事實上，的確也有某些證據顯示，與壓力有關的飲食行為有其生物方面的基礎。

基因與荷爾蒙讓我們成了情感飲食者嗎？

當動物陷入困境時，而且原因並非出於牠們的童年，牠們同樣也會藉助飲食表現出來。在戰鬥中無法決定是要進攻，還是要逃跑的公雞，會突然朝地面啄食。在發生衝突的情況下，麻雀會磨利鳥喙或清理羽毛。當壓力過大時，老鼠會去吃更多的東西。動物心理學家稱這類行為為「替代行為」或「轉位行為」（displacement activity），因為它們不符合情況的脈絡發展。在人類身上同樣也能觀察到這種替代行為。

在一項實驗中，研究人員要求受試者，用一支筆跟著轉盤上的線條移動。只不過，線條移動的速度相當快，受試者必然會犯錯誤；換言之，失敗是無可避免的。然而，有別於受試者所以為的那樣，研究人員對於他們的成績並不在意，研究人員感興趣的，其實是受試者在測試當中的暫停時間裡表現出來的行為。沮喪的受試者會抓抓頭、會用雙手摀住臉、會伸手去取「碰巧」唾手可得的甜食。[6]

大自然賦予我們所有的人在壓力下飲食的意圖，只不過在我們所有的人當中，有些人比其他人更有意願。那些傾向於在壓力下飲食的人，當他們吃下像是巧克力之類的可口食物時，他們大腦中的獎勵系統或許會特別強烈地受到刺激。這種提升了的「反應性」（responsiveness），誠如專業術語所稱，不單只是飲食習慣的結果，它也可能先於飲食習慣出現。[7]

另一個生物方面的因素則在於內分泌系統。美國心理學家凱莉・克蘭普（Kelly Klump）發現，女性在經期的後半段會特別強烈地想要飲食，好讓自己的心情變得開朗。雌激素（estrogen）和孕酮（progesterone）這些卵巢激素會促進這種飲食行為；在這裡，遺傳的因素也參與其中，它們會與荷爾蒙複雜地交互作用。因此，女性相對而言更為容易陷入情感飲食與進食障礙，這其實是有雙重的生物基礎，也就是：女性體內的荷爾蒙波動與遺傳秉性。

然而，雖然有些女性的獎勵系統對於食物的反應特別強烈，雖然在心情不好時她們的內分泌系統會驅使她們飲食，可是並非每位這樣的女性都會成為情感飲食者。這還需要另一種造成影響的因素，而這種因素往往都是童年或青春期的某些沉重的負擔。

在一項為期數年的研究中，具有獎勵系統、有這種特定遺傳特徵的青少年，只有在處於情緒緊張的父母教養方式之下，才會形成有問題的飲食模式。如果沒有這種情緒壓力，即使存在著相應的基因，飲食行為也不會改變。基因提供了發展情感飲食的基礎，不過關鍵因素卻是經驗使然。[8]

童年的經歷

薩烏爾（Saul）出生時僅有二・五公斤重。他的父母非常擔心，因為他喝東西的速度很慢，還經常會吐奶，以致他的體重不增反減。他們耗費了很多精力與耐心餵養他，經過了很長一段時間後，他的體重才總算開始增加。然而，又再過了一段時間之後，怪事發生了：他變成吃得太多。他不斷地吃、不斷地吃，所有企圖遏制他對飲食的渴望的嘗試都徒勞無功。到了他兩歲大時，他已重達三十公斤，被送進了一家醫院接受治療。到了他十四歲大時，他已重達一五〇公斤，而且多次住進醫院。他絕望的父母拜訪了心理治療師希爾德・布魯赫（Hilde Bruch），她是處理進食障礙領域的佼佼者。

有別於當時所流行的學說，布魯赫並不認為薩烏爾的肥胖是由於下視丘與內分泌系統失調所致；她認為，原因出在薩烏爾幼年時期的經歷。畢竟，許多重要的發展步驟都是在剛出生的頭兩年裡完成；兒童學會爬、坐、站、走和說話，從母乳餵養或奶瓶餵養過渡到攝取固體食物。在這段時間裡，飲食和對於他們的人際關照兩者密不可分。

早在一九五〇年代，靈長目動物專家哈里・哈洛（Harry Harlow）便已證實這種關聯的重要性，特別是對於年幼的哺乳動物（包括人類）而言。他讓恆河猴寶寶與牠們的母親分開，然後賦予牠們「替代母親」；一是附有奶瓶的鋼絲娃娃，一是外覆毛皮的娃娃。猴寶寶偏愛毛皮娃娃，牠們只會為了喝奶短暫地去找鋼絲娃娃。哈洛認識到社會接觸對於早期發展的重要性。他甚至主張，「餵養的主要功能在於……促使嬰兒與母親之間發生頻繁且親密的身體接觸。」[9]

希爾德・布魯赫在觀察她的患者時同樣也注意到這一點。她試著更加深入地去了解薩烏爾的早期飲食經歷。這個男孩是那對屬於猶太正統派的父母的第三個孩子。他的母親先前已經生下兩個女兒，儘管不是很情願，可是由於丈夫非常渴望有個男性子嗣，於是她只好勉為其難地繼續生第三胎。沒有料到，這回孕程艱辛、分娩痛苦，撫養更是無盡的折磨。對於一個母親來說，這樣一個孩子實在是太「沉重」了。由於腰痠背痛的緣故，她很難把薩烏爾從搖籃裡抱入懷中，因此薩烏爾經常躺著哭鬧。後來她索性把他放在一張高腳椅上。如果他躁動不安，她就會給他一塊餅乾，然後無可避免地，餅乾也跟著越給越多，於是，誠如布魯赫所言，薩烏爾有著「十分不妥且非常荒謬的學習經驗」。人們給他的不是關愛與身體接觸，而是食物。食物成了因應「所有不適的治療方法」。因此，日後當他感到不舒服，他同樣也會渴望食物，無論這時他是否飢餓。[10]

希爾德・布魯赫推測，情感飲食其實早在母子間的互動中就已被習得。不久之前，美國心理學家辛西婭・史蒂夫特（Cynthia Stifter），發現可以證實這項假設的證據。她的研究顯示，母親經常會用食物來安撫她們的小孩，尤其是在小孩非常活潑或表現出強烈的情緒反應時。她還觀察到，經常被用食物安撫的小孩，日後會傾向於變得肥胖。

然而，助長情感飲食的，不單只有小孩的生物特徵與母親的安撫方式，個人的飲食習慣同樣也是重要的因素。

在伯明罕大學（University of Birmingham）的一項實驗中，研究人員給三到五歲的受試兒童一個拼圖。如果他們完成拼圖就能贏得一個玩具。與此同時，受試兒童的母親得要填寫問卷。有半數的受試兒童所拿到的是根本拼不起來的拼圖，因此他們也無法在規定的時間內完成。當研究人員告訴他們，他們不能獲得先前選擇的獎品（貼紙）時，他們自然會感到沮喪。與此同時，研究人員會在桌上擺放幾碟洋芋片、餅乾和巧克力，許多受試兒童便會在失望之餘吃了起來。研究人員觀察到，那些他們的母親把自己歸類為情感飲食者的受試兒童，特別會伸手去拿東西來吃。[11]

母親之所以會把自己的孩子「教養」成情感飲食者，或許是因為她們會在孩子感到壓力時給他們吃點東西；如同薩烏爾的母親所做的那樣。或者，孩子也可能會以母親為榜樣，從而學會，藉助飲食來撫平自己的情緒；他們可說是有樣學樣。又或者，母親遺傳給了孩子，使得孩子對於飲食的舒緩作用同樣具有遺傳的特殊敏感性。母親的教養行為、她們的飲食行為模式，以及對於飲食刺激的遺傳反應性，這些因素全都會助長情感飲食的發展。然而，希爾德・布魯赫卻還有另一種想法。

我們能否相信自己的飢餓感？

人類的飲食行為會在年幼時就形成。母親、父親與其他的照顧者決定了孩子該在何時吃多少什麼東西。這會對他們的飲食好惡造成形塑性的影響，更會普遍對於飲食之際的社交氛圍與情緒氛圍產生影響。父母往往會在不知不覺中，藉由他們自身的榜樣，引導孩子根據飢餓感與飽足感的信號飲食，或是引導孩子隨著外部的刺激（例如隨著一天當中的時間或餐具裡的食物量）飲食。這樣的學習過程會形塑我們的行為，也會幫助我們每天決定我們要吃什麼，尤其是決定我們在飲食時會有怎樣的感受和情緒。

我們可能也會學到飢餓是怎樣的感覺。早在一九四九年，心理學家唐納德・赫布（Donald Hebb）就已提出一套關於飢餓感形成的理論。根據這套理論，嬰兒最初會把身體對於營養的需求，感受成混亂、不舒服的狀態；這是一種嬰兒還無法分門別類的狀態。在有過一再重複的進食經驗後，他們逐漸才能把它視為某種非常特殊的需求，也才能把它與其他的身體感受（連同其他的情緒形式）區分開來。[12]

希爾德・布魯赫推測，在情感飲食者身上，這樣的學習過程受到了干擾，尤其是當孩子在並不飢餓的情況下卻不斷地被餵食。在這樣的情況下，孩子如何能夠學會認識飢餓感與其他感受之間的區別？她觀察到，薩烏爾將一大堆身體的狀態與飲食連結起來；她認為，他的幼年經歷導致了嚴重的認知缺陷。他無法適當地區別自己諸多的身體感受。

她的錯誤認知假說的有效性迄今尚未獲得證明。不過，臨床觀察倒是顯示，嚴重的情感飲食者確實難以區別身體的飢餓信號與情緒的萌生這兩者。很有可能，他們強烈想要飲食的慾望是這種認知缺陷的結果。然而，這也僅僅只是情感飲食者會在面臨壓力時去飲食的原因之一，畢竟還是有不少其他的人都知道，情緒所引發對於食物的渴望在感受上與飢餓有所不同。布魯赫曾引用某位患者的話說明：「想吃東西的是我的嘴，但我很清楚，我吃夠了。」[13]

情感飲食的形成

情感飲食主要是習得的。正如我們能學會偏好富含蛋白質的食物，因為它們可以解決缺乏蛋白質的問題，我們同樣也能學會藉助飲食克服令人不快的感覺。[14]這樣的學習會分成兩個步驟進行。

這往往可能是始於，孩子在年幼時（也許就在剛出生的頭幾年裡）就被人用食物來安撫。在這當中，母親與其他照顧者的行為可能扮演了重要的角色，如果他們在孩子處於不同的情緒狀態下都用食物來安撫孩子。倘若他們本身就是一個壓力飲食者，那麼他們的榜樣自然會對孩子的飲食行為造成影響。不過，直到年少時甚或成年後，我們才學會這種有問題的行為，卻也是可以想像的。除此以外，這種舒緩作用的習得還有第二個學習過程。

我們都曾在學校裡學過巴夫洛夫的古典制約。在這裡，這種學習形式會導致情感變成飲食信號。舉例來說，那些經常會在孤寂時藉著吃東西來安慰自己的人，當他們覺得孤寂時，無可避免地就會感受到對於飲食的渴望。孤寂的感覺幾乎自動地觸發了慾望，正如鈴

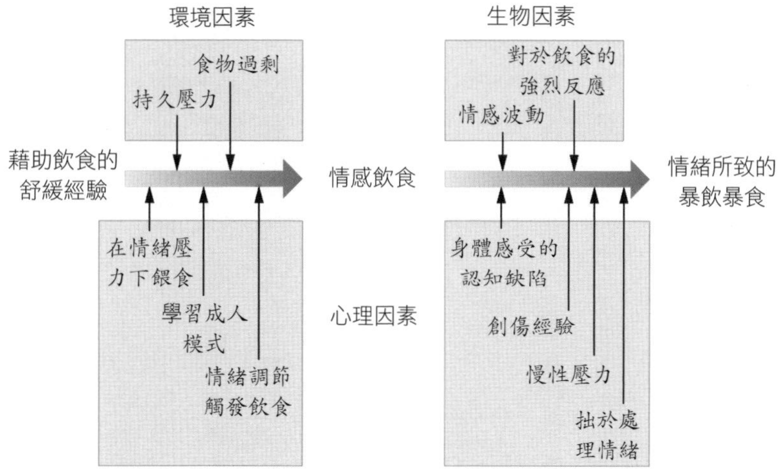

圖8｜情感飲食是在學習過程、環境條件與生物因素的影響下形成。在壓力源強烈與情緒調節欠缺所加諸的影響下，這種飲食模式則會變得極度鮮明。

聲會使得巴夫洛夫的狗流出口水那樣。

遺傳的秉性會促進這種學習過程，也就是說，當我們的獎勵系統與內分泌系統生來就特別容易對飲食有反應。剩下的工作則會由環境來完成。在現代社會中過剩的食物與過大的壓力會不斷誘使我們飲食。

然而，這些學習過程的確切條件卻依然是個謎。目前尚不清楚，飲食的舒緩經驗得在何時與多麼頻繁地出現，才會讓飲食模式形成，此外，在什麼樣的條件下，它會從無害的習慣發展成進食障礙。對於病態的情感飲食形式而言，強烈的情緒負擔與拙於處理情緒負擔，或許才是關鍵性的因素。情感飲食的成因尚未被完全釐清。但它們所招致的後果卻是可以確定的。

肥胖問題

人體脂肪組織的百分比是根據「身體質量指數」（body mass index；簡稱：BMI）估算的；這項指標是出自比利時數學家阿道夫・凱特萊（Adolphe Quetelet）。身體質量指數的定義是體重除以身高的平方：

$$\text{BMI}=\frac{\text{體重（公斤）}}{\text{身高}^2\text{（公尺）}}$$

根據科學家們的共識，身體質量指數若在二十五到三十之間就算體重過重，如果達到三十以上就算肥胖。一個身高一八〇公分的人，他的體重必須超過八十公斤，才能被歸類為體重過重，如果他的體重將近一百公斤，那麼他就會達到肥胖（輕度肥胖）的界限。為此，他必須增加大約三十公斤的體重，這大約是他的起始體重的一半。如果他的體重達到了一一二或一二九公斤，那麼他就會被歸類為中度肥胖或嚴重肥胖。

在德國，有超過半數的男女體重過重，有近四分之一的人屬於肥胖。由於他們的體態偏離一般的審美觀，而且還與負面的人格特質（像是沒有紀律、懶惰等）相互連結，因此當事人常會感到自己受到他人鄙夷。此外，肥胖還會提高罹患一連串疾病的風險，像是高血壓、心血管疾病、血管收縮、動脈硬化、中風、癌症與糖尿病等等。

隨著體重增加，死亡的風險也近乎平行地跟著增加。年齡介於十五至三十九歲、體重超過一一五公斤的男性，相較於體重正常的男性，死亡的風險高了將近百分之兩百。在德國，與肥胖有關的疾病每年都會導致超過一百萬人死亡，肥胖及其繼發性疾病的治療費用每年高達一百億歐元。[15]

肥胖這種「流行病」引起了許多科學家的關注。人們進行了成千上萬的相關研究，為的就是要找出它的成因。這些研究顯示，尋找這種容易掌握的失調狀況的原因絕非易事。肥胖可能有許許多多生理方面與心理方面的原因。舉例來說，受到遺傳因素影響，天生基礎代謝率就低的人比較容易體重過重。由於他們消耗的能量較少，在攝取等量食物的情況下，體重比較容易增加。睡眠不足會導致肥胖，經常服用的處方藥（例如抗抑鬱藥物與 β 受體阻斷藥〔beta blockers〕等等）所具有的副作用同樣也會導致肥胖。此外，某些行為模式，尤其是低度身體活動與經常攝取高脂食物和含糖飲料，也會導致肥胖。最後但並非最不重要的一點是，嚴重的情感飲食常會導致體重迅速增加。

創傷、貪婪與成癮

在以斯帖（Esther）終於入睡後，夢魘開始折磨她。教授坐在她的面前，惡狠狠地看著她，問了她一堆問題。她不禁胃部痙攣，結結巴巴地吐出了一些殘缺不全的語句，藉以掩飾自己的知識空白。

到了深夜，一些可怕的影像繼而浮現。以斯帖隱隱約約地見到有個強大的身體在自己身上，一種瘋狂的情緒混合在她心中油然而生——恐懼、憤怒、羞恥、厭惡。就在那一刻，她感到自己的腹部發麻。

她醒了過來，在昏暗的房間裡四處張望。地板上有一堆髒衣服。桌子上堆滿了筆記卡、打開的書和摘錄。文件夾和零星的紙片散落在一個架子上。牆上有張歪斜的海報，因為懸掛海報的其中一枚圖釘掉了；那是《春天早晨蒙馬特的林蔭大道》（*Le Boulevard de Montmartre, Matinée de Printemps*），是張褪了色的印象派繪畫的複製品。數年前，她曾以互惠生（Au Pair）的身分在巴黎住了幾個月；當時她萬萬沒想到，居然會有一場災難降臨在自己身上。如今她躺在這個小房間、這個宿舍、這座城市、這種恐懼、這種痛苦之中。

她躡手躡腳地溜進廚房，打開冰箱，開始吃起東西來。食物的味道、咀嚼及吞嚥的動作、飽足感和溫暖抑制了她的焦慮。在恍恍惚惚中，她吃了兩片薩拉米香腸披薩、四個炒雞蛋和半塊巧克力蛋糕。她的肚子緊繃得像鼓。大量的食物如沉重的石頭般壓在她的體內，扼殺了所有的情緒。她麻木地倒在床上，再次入睡。

在過去的幾個月裡，她的飲食問題趨於惡化。如今，就連最微小的情緒波動，都會令她貪婪地飲食。而且，越是用吃來安撫自己的情緒，她對食物的渴望就越是升高。她的體重已經增加了四十公斤。她的體態正如她的人生，可說是完全「走樣」。

在學業開始之初，一切都充滿了希望；她在最初的幾個學期都有很好的成績。她主修社會學，曾經前往佛羅里達（Florida）的一所大學交換兩個學期。從當時的照片我們不難看出，她曾是個快樂的大學生，她的未來就在眼前。然而，當她歸來後，在連續兩次考試都一塌糊塗下，她被深深地震撼了。她覺得自己彷彿掉入了無底深淵。於是她索性推遲重考；然而，時間拖得越久，她的恐懼也變得越強烈。她的恐懼感越強，她就越用功。她匆匆忙忙地閱讀了一本又一本的書，可是到頭來卻什麼也記不住。她會在課堂中使用聽寫器材，會製作逐字筆記，然而，在一大堆密密麻麻的文字中，她根本無法抓出重點。她陷入了混亂，實現畢業的目標變得遙遙無期，三不五時她還會萌生逃亡、一走了之的想法。她已將考試推遲了八年，如今已經三十三歲，現在她以幫人打掃維生。然而，如果沒能順利完成這個學業，她的人生又有何意義呢？

當這種恐懼沒有吞噬她時，她也會感到精疲力竭和沮喪。這時她會躺在床上發呆個好幾小時。有時她會感受到一股深深怨恨自己的憤怒，她甚至還會在鏡子前辱罵自己：「妳既懶又胖、胖、胖……！」

中午前後她會起床前往圖書館，好在閱覽室裡念書。她總是羞赧地搭上電車。她穿著寬鬆的毛衣、牛仔褲和運動鞋，肩上背了個大袋子，裡頭裝滿了白紙、筆記本、筆和乳液。一頭染成黑色與紅色的半長頭髮沒有好好梳理，額頭與上唇閃著汗珠。一串鑰匙掉到地上，她吃力地把它撿了起來。

以斯帖的危機不單只是由於學業困境所致。她的腦海裡也經常會浮現往日的種種情景。她看到了她那不許發出任何異議、也從來不曾擁抱過她的嚴厲母親。每當以斯帖得在家裡幫忙做事，她的母親很快就會失去耐心，接著便會大聲喝叱她：「這樣做才對！」有時則會輕蔑地搖搖頭說：「滾！」

她無視女兒的問題，也從不正眼看她。以斯帖若是追問，她的母親只會沉默不語，臉上沒有絲毫表情。這位既冷酷又嚴厲的女性是她的人生中最重要的人。直到今日，有時她聽到母親的聲音，就彷彿她正站在自己的身後，對著自己的行為指指點點。母親是絕不可能會接受她輟學的。她對著電話大吼：「妳的問題簡直太荒謬了！別哭，那不會有任何幫助！」接著便掛斷電話。

直到在一場持續數年的治療中，以斯帖才了解到，母親的行為是她自我憎恨的榜樣。有時在夢中，她會想起某些模模糊糊的受虐記憶；那是一些依舊混沌不清的陰影。若想擺脫自己的問題，她還有很長的路要走。

以斯帖明顯表現出了嗜食症（binge eating disorder）的特徵。這種精神病症是在一九五九年首次獲得描述。如今在所有的進食障礙中，它是最常見的樣態。它的主要特徵就是暴飲暴食，也就是沒有節制地攝取大量的飲食。這種病症的患者有很大一部分是屬於嚴重肥胖。有別於厭食症（anorexia nervosa）和暴食症（bulimia nervosa）的患者多半是女性，暴食症的男性患者則和女性患者一樣多。

和以斯帖一樣患有這種病症的人，在他們的人生中，往往都存在著某些強烈的情緒壓力因素（例如遭到冷落、受暴、受虐、酗酒或父母早逝等），這點絕非偶然。受虐的經驗往往不會為人所知，它們不太會被察覺，不太會被朋友或鄰居發現，不太會在幼兒園或學校裡被發現。但它們卻很常發生。根據警方所做的犯罪統計，每年約有二萬起這類案件登記在案；這已是個很高的數字。不過據推測，未曾報案的黑數恐怕要比這個數字多得多。

在相關的研究調查中，約有百分之六到十六不等的成年受訪者表示，自己曾在幼年時遭受過性虐待。他們往往深受顯著的情感飲食與嚴重的肥胖所苦。多次遭受性虐待會令罹患進食障礙的風險增高五倍。就算只是一次性地遭受過虐待，罹患進食障礙的風險仍會提高二・五倍。暴飲暴食及其緩解壓力的作用，可說是一系列情緒危機的最後出路。[16]

以斯帖對於食物的渴求宛如吸毒者對於毒品的渴求那般強烈。當她試圖抵抗飲食的衝動時，她的手會發抖，她還會感到發熱或發冷，彷彿她有戒斷症狀。就像酗酒者喪失了對於飲酒的控制力那樣，她也對於飲食失去了控制力。正如酗酒者越喝越多，她的食量也越來越大。不羈的慾望、過度的消費與喪失控制是成癮症的典型特徵。

然而，成癮的飲食模式真的能與吸毒或酗酒相提並論嗎？飲食不會像麥斯卡林（mescaline）、賽洛西賓（psilocybin）或麥角酸二乙醯胺（Lysergsäurediethylamid；簡稱ＬＳＤ）產生幻覺，也不會有安非他命（amphetamine）或古柯鹼（cocaine；或稱「可卡因」）的興奮作用、鴉片的欣快作用或酒精的去抑制作用。儘管如此，飲食卻也有成為成癮物質的潛力。

當我們攝取美味的飲食時，名為伏隔核（nucleus accumbens）的大腦部位就會被刺

圖9｜嗜食症患者暴飲暴食的症狀發作期間會攝取大量的飲食。

激。它是獎勵系統的一部分，位於前腦中那些處理情感的部位附近。藥物也會在那裡產生類似的作用，而且作用更強。不過飲食卻也可以變成藥物。

事實上，在嚴重肥胖者的大腦中，也能測出與成癮症類似的刺激模式。吸毒者的大腦會對古柯鹼或鴉片之類的物質特別敏感，肥胖者的大腦則會對高熱量、美味的飲食（例如冰淇淋或巧克力）特別敏感。如同成癮者會強烈渴望某些成癮物質那樣，嚴重的情感飲食者也會對於飲食產生難以抗拒的渴望，因為它們往往是情感飲食者擺脫危機的最後出路。

前不久，據報載，有個學生於半夜在想吃巧克力的強烈慾望下醒了過來，接著就拚命地尋找巧克力。他打破了幾扇窗戶，闖入附近的住宅。經過調查，警方並未發現任何能夠證明他有飲酒或吸毒的證據。也許他有「巧克力癮」。至於他那時到底有沒有找到巧克力，新聞報導卻沒有交代。[17]

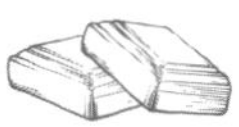

失調飲食行爲的情緒

「自從人們不再為了平息飢餓，而是為了刺激食慾飲食，而且為了增進飲食樂趣還創作了成千上萬的食譜，飲食就變成了……過度飽足的負擔。」

塞內卡（Lucius Annaeus Seneca）[1]

進食障礙在現代社會中十分普遍。有些人餓到嚴重消瘦且營養不良。有些人則陷入禁食與暴食的惡性循環。厭食症與貪食症是如何形成的？在這當中，情緒又扮演了怎樣的角色？

卡洛琳（Caroline）表示：「我是個胖女孩，我的臉頰胖乎乎，手臂粗，屁股大，肚子肥得像輪子一樣。我身上的『所有部位』都太胖了，就連膕窩也不例外！」

她會在早上起床後和晚上就寢前量體重。站在鏡子前，她懷疑地凝視著自己的身體。她無情地監視著自己的身材。即使只有一點點體重增加的跡象，也都會令她陷入恐慌，儘管她這輩子至今為止都體重正常。這時她會立即限制飲食。她不吃早餐和午餐，每天攝取不超過六百大卡。她禁止自己吃甜的或油膩的食物，通常只吃水果、蔬菜、低脂夸克或薄脆麵包。一旦她的體重減輕，一切就能恢復正常。

然而，當她面臨課業的壓力、當她對她的父母感到生氣、當她看到自己的男友盯著別的女生（基本上，這種事情經常發生）或者當她失去平衡，她就會感受到一股難以抗拒的飲食慾望。這時她會吃一罐優格、一塊乳酪三明治或一個可頌麵包。飲食很有幫助，此舉撫平了她情緒上的混亂；然而，卻也增強了她的食慾。她會吃下比原先所預期的更多的食物，而且所吃的東西還是平時她禁止自己吃的，像是香腸、乳酪、蛋糕、巧克力、冰淇淋等等。她會失控地飲食，直到吃撐為止。這時她會噁心地摸摸自己飽脹得宛如鼓一般的肚子，接著又會因擔心體重增加而焦慮起來。最終，她會再度跪到馬桶前。

禁食與暴食的循環

像卡洛琳這類患有暴食症的女性，會不斷經歷禁食、進食與嘔吐的循環。由於他們擔心體重增加，所以他們會限制自己的飲食，會設定嚴格的卡路里攝取量，還會延遲用餐時間到下一頓飯。但所設的飲食規則卻往往會嚴格到根本不可能長期遵守。於是就會出現暴飲暴食的情形。在這種情況下，他們會大量地飲食；有時所攝取的總熱量甚至高達兩萬大卡，是正常飲食的十倍。隨著暴飲暴食，對於體重增加的焦慮又會再次出現。他們會藉助催吐或其他手段（例如服用瀉藥或進行劇烈的身體活動等等）來遏制這種焦慮。對於肥胖的焦慮與設限的飲食習慣是暴食症的典型特徵。它們同樣也見於厭食症。厭食症則是在一八七三年首次被描述為一種個別的疾病。

飢餓病

瑪莎（Martha）艱難地過著每一天。她的雙眼下方滿是陰影，臉頰凹陷，雙手冰冷，手腕腫脹，她瘦弱得簡直就剩皮包骨。有時她實在太過虛弱，以致會在不耐久站下突然昏倒。為了抵抗強烈的飢餓感，她會一杯接一杯地喝著茶。與飢餓的爭鬥是如此激烈，以至於其他的一切都變得微不足道。飢餓宰制著她的生活。

「這就像慢性中毒，就像一直處在諸如酒精或毒品之類的物質的影響下……我只知道，現在是白天、還是晚上……你會一直頭昏眼花、麻木不仁，是的，你甚至還會感覺不到自己真實存在……我再也無法與他人交流和溝通。沒什麼可談的。我總會覺得，反正我說什麼別人也不會懂！」[2]

厭食症患者的體重會比一般人的體重少至少百分之十五。他們的消瘦甚至可能達到危及生命的程度。相反地，罹患暴食症的女性則是體重正常。在暴食症方面，暴飲暴食後催吐可謂是典型特徵；不過這種情況倒也同樣會在厭食症中出現。病症之間的轉換其實頗為常見。許多原本罹患厭食症的人在過了一段時間後，反而變得會暴飲暴食。

這些病症總會伴隨著巨大的痛苦；它們會悄悄地開始，往往一直要到已經完全成形才會為人所察覺。這時，如若沒有專業的協助，人們很難僅憑一己之力克服它們。厭食症或暴食症的患者以年輕女性為主，約占全國總人數的百分之一至二。[3]反過來，我們也可以說：我們每個人可能都認識某個至少受到前述病症之一影響的人。

瑪莎的父母不知所措。他們想方設法要讓自己的女兒進食。母親煮了她最喜歡的菜餚，父親在用餐時對她大聲斥責。瑪莎還是繼續挨餓，而且變得越來越瘦。後來她被說服做了體檢。檢查結果令人震驚。心率與血壓雙雙呈現低下，電解質狀態與內分泌系統失調，而且月經也已有數月沒來。消瘦到如此危險的程度，醫師表示她得立刻就醫。

究竟是何原因致使瑪莎差點餓死自己？為何卡洛琳吞下大量食物只是為了再把它們嘔吐出來？

苗條的理想

現代女性如何才能算得上「美」，藉由這個時代的模特兒我們就能看出。她們的胸部小、腰部細、雙腿修長，而且還有個如男孩般的臀部。有些看起來相當瘦弱，甚至一副病懨懨的樣子。她們的體重比一般人的體重少了將近百分之二十，而且往往患有進食障礙。許多年輕女性都會追隨這些纖細的榜樣。

美麗與苗條並非總是緊密相連。著名的作品《維倫多爾夫的維納斯》（*Venus of Willendorf*）是人類最古老的藝術品之一，這個以其發現地命名的石器時代石灰岩人偶，表現出一個有著豐滿的胸部、腹部與臀部的女性，這是生存的象徵，在一個物資缺乏的時代裡，這同時也是生育力的象徵。如果把它與二十世紀的雕塑並列，我們不難看出審美觀的劇烈變化。

數千年來，物資短缺一直左右著人類的生存。然而，到了十八、十九世紀，當食物變得較為充裕，而且在至少上層階級處於物資過剩下，對於人體的看法也發生了變化。這時，一位女性必須苗條才算得上美麗。苗條的身材成了自律與成功的象徵。

許許多多的女性開始節制飲食；其中有些女性節制得太過份，以致變得瘦弱甚或生病。這個問題特別在上層與最上層的階級中蔓延開來。就連眾所周知的奧地利皇后茜茜（Sissi），每天早晨都要進行一系列的體能訓練，每天也都要量體重三次，而且還要嚴格控制飲食。如果她破例吃了點甜食，她就會再去做點體能訓練，藉以消耗熱量。她的身高一七二公分，她卻不讓自己的體重超過五十公斤。她一輩子都體重過輕，而且纖細到完全不必藉助當時流行的緊身內衣束緊腰身。[4]

時至今日，理想的女體與女性的實際體型之間的差距變得越來越大，這其中也伴隨著人們對於食物的態度。這點可以用科學的方式證明。

在一項實驗中，我們為受試的年輕女性提供了一些小點心：一塊胡蘿蔔、一塊鮭魚、一顆草莓、一片薩拉米香腸、一塊巧克力。受試女性得要吃下它們，然後品評一下它們的味道，並且評估一下自己的情緒狀態。在吃下了高熱量的小點心後，她們的心情會趨於惡化。她們變得焦慮、緊張，甚至還會感到些許的恐懼、羞恥和悲傷。正如在用餐時所做的聯想分析顯示，諸如薩拉米香腸與巧克力之類的食物，會被認為對於自己的魅力構成威脅，尤其是那些不滿意自己的身材的女性。高熱量的食物不僅會引發強烈的渴望，還會帶來負面的情緒。它們同時具有吸引力和威脅性。[5]現代的苗條觀成了進食障礙的溫床。然而，唯有在更多的因素一起發揮影響下，它們才會發展起來。

厭食症與暴食症是如何形成的？

在二十世紀初期時，布拉格住了一位臉色蒼白、顴骨頗高的瘦削男子。他深為孤獨與未能獲得認可所苦，他與父母發生衝突，在性方面也遇到了難題。飲食方面他是個禁慾主義者，他既不吃肉、也不喝酒，儘管如此，他卻總是幻想著飲食狂歡。他是個保險業務員。此外，他還撰寫小說與短篇故事，他的作品如今已被奉為文學界的經典之作。而飲食的主題則經常出現在他的作品中。

在《飢餓藝術家》（*Der Hungerkünstler*）這個故事中，法蘭茲・卡夫卡（Franz Kafka）描述一個被關在籠子裡展示的挨餓男。對他而言，飢餓是「世上最容易的事」。當人們打開籠子向他提供食物時，他感到自己被深深地誤解。他並不缺少食物，他「不是因飢餓而消瘦（……）而是由於對自己不滿。」[6]

研究卡夫卡生平的專家咸認，他之所以能把自我施加飢餓的悲劇描繪得如此生動，正是因為他自己曾親身經歷過。在鮮活地刻畫飢餓藝術家之下，他預見了今日流行的進食障礙的概念。在這當中，「對自己不滿」扮演了核心要角。

厭食症與暴食症會悄悄地開展，還會與兒童期、青春期或成年初期的某些經歷並行，這類經歷也常見於其他的精神疾患，例如性虐待、遭受冷落、過度保護的教養方式、過高的成績壓力，或是某些乍看之下根本無法察覺的細微負擔等等。此外，幼兒時期的餵食障礙、胃腸問題、用餐時的爭吵以及身體感受的認知混亂，這些因素同樣也會提高發生進食障礙的風險。

在具體的情況下哪種因素會發揮影響，並不一定。不過，所有受影響的人倒是都有個共同點，那就是：他們的自尊感遭到了動搖。[7]如同卡夫卡的飢餓藝術家那樣，他們都對自己深為不滿，他們害怕自己一文不值；而恐懼則是一種效力極強的情緒。

瑪莎覺得自己彷彿為人所遺忘。她上有兩個兄姐、下有兩個弟妹，夾在他們之間的她宛如存在感消失一般。當她在體育課發現自己的跑步天賦時，她便開始刻苦訓練。運動讓她受到矚目。家人、朋友、整個城市，人人都以她為榮。走在大街上，就連完全陌生的人，也會跑來祝賀她的成功。於是，她越來越著迷於訓練，甚至越來越嚴格地為自己的飲食行為設限。

控制得越嚴格，她就覺得越安全。起初，她的身體幾乎全是肌肉，後來她居然一公斤又一公斤地瘦了下去，最終就連肌肉也消失殆盡。厭食症早已悄然蔓延到她的生活中。

而卡洛琳，如前所述，深為暴食症所苦，她也擔心自己一無是處。在她的家庭裡，日常生活取決於生意。她的父親經營了一家成功的清潔公司，經常會工作到深夜。她的母親一邊得在辦公室裡幫忙丈夫的業務、一邊還得操持家務。他們根本沒有什麼時間照顧女兒。取而代之的是，他們會送她一些禮物，像是昂貴的手提包、首飾、高雅的服飾等。在她十八歲生日時，家裡的車庫多了輛汽車。當父親送禮給她時，她可以感受到，父親對於負擔得起這一切感到十分自豪。基本上，他做這些為了自己多過於為了他的女兒。

卡洛琳內化了父母為成功而奮鬥的精神，然而，與此同時，她卻覺得自己還不夠成功。她曾針對中、小學求學期間談到：「我想成為頂尖的學生，但我卻只是個普通的學生。在高中畢業考中，我只有一科拿到了二的成績。我也沒有繼續在鋼琴上發展，我不是什麼神童。」在大學的求學過程中，她同樣深為設定過高的目標所苦。準備考試是種折磨，因為她總想得到「極好」這個等級的成績。為了至少讓自己的外表保持亮麗，她會限制自己的飲食，從而也陷入了暴食症的禁食與暴食的循環。

家庭常是不安的引爆點。根據臨床觀察，心理治療師描述了一種典型的「禁食障礙」家庭，它們的道德標準高，過度地保護與控制子女，總會避免衝突，家庭裡有著可能趨於僵化的高度秩序。[8]這些家庭在外人看來十分「完美」且令人羨慕，可是家庭成員的內心世界卻往往比表面上來得困難許多。子女們沒有自由的感覺，而且很難發展出對於自己的身分與自主權之感。特別是女孩們，不單會懷疑自己的能力，而且會懷疑自己的外表，或許還會懷疑自己情緒感受。她們會擔心自己無法滿足學習方面或就業方面的種種要求，會擔心自己沒有足夠的吸引力找到伴侶，會擔心在朋友們眼裡自己不夠有趣。她們缺乏自信，常會萌生一些負面的情感，像是恐懼、失望、絕望、無能為力等。

一旦自我懷疑與身材問題連結在一起，飲食行為也會跟著改變。年輕的女性（如今也有越來越多的男性）會進行節食。限制飲食攝取最初會起到某些增強的作用，因為體重減輕與對於飲食的控制感會提升自尊感。有好一陣子他們會感到情況好轉。然而，事情卻會逐漸變得複雜。他們會失去對於飲食習慣的控制權，逐漸陷入困境之中。

進食障礙的情感世界

對於身體而言，持續限制飲食感覺就像一場災難，它會試圖適應這種變化，並且不惜一切代價求取生存。它會增產皮質醇、生長激素與褪黑激素（melatonin），減產女性的性激素，[9]它會降低基礎代謝率、體溫、心率及血壓，它會竭盡全力以求生存。這也會對心理造成影響，有時會使飢餓的人變得行為怪異。

在結束俄國的囚禁後歸來的赫爾穆特・保羅（Helmut Paul）醫師，寫下了在戰俘營中所觀察到的飢餓的後果，以及「酵母攪打迷信」。當人們由於沒有其他食物，只好提供囚犯一些酵母和水的混合物時，他們注意到了，如果搖晃容器就會產生泡沫：

打了十五分鐘至半小時的雪，被放入了一個特殊的食器中，並被撒上了其他的配料……這種美麗的幻想……目的在於……營造某種飽足感。

挨餓者幻想著自己終於再次吃飽了。即使飽足感不會持續很長的時間，他們也會變得欣喜若狂。有些人似乎沉迷於酵母攪打：

如果他們沒能攪打且食用一份甚或兩份酵母，他們就會無法入睡。[10]

進食障礙的患者也會有類似的怪異行為。瑪莎在市中心漫步，她在甜點店的櫥窗前佇足良久。她去了超市，先將一堆甜食放入購物車，接著又把它們放回貨架上。她一遍又一遍地翻閱食譜、研究食譜，還為全家人做飯。晚餐時，她與其他人坐在一起，享受著他們的讚美，自己則只是淺嚐即止。她告訴自己，自己一點也不餓；儘管如此，她卻一天到晚都在想著食物。另有一些患者則會囤積一些食物，但他們卻只是看看它們、摸摸它們或聞聞它們，藉由這種方式平息自己的飢餓感。

然而，對於飲食的渴望往往會變得強烈到無法平息。這時憤怒、沮喪、孤獨、羞愧或絕望就會引發暴飲暴食。它們會暫時消弭飢餓，暫時將負面情感掩蓋起來，可是，到頭來，它們卻會使得問題加劇。在一陣暴飲暴食後，當事人會感到愧疚，也會為自己再次屈服於飲食的慾望而自責。他們會經歷一場令人精疲力竭的情緒起伏，經歷一場瘋狂的情感雲霄飛車。

在厭食症與暴食症的整個過程中，情緒扮演著關鍵性的重要角色。首先是始於對於自己是否太過肥胖或一無是處感到焦慮。自身的不安與失望，和沮喪的情緒有關，持續的飢餓則會加劇這種失望和沮喪的情緒。暴飲暴食最初會讓負面情緒變得比較容易為人承受；然而，從長遠看，憤怒、羞愧、厭惡、絕望和悲傷卻會有增無減。

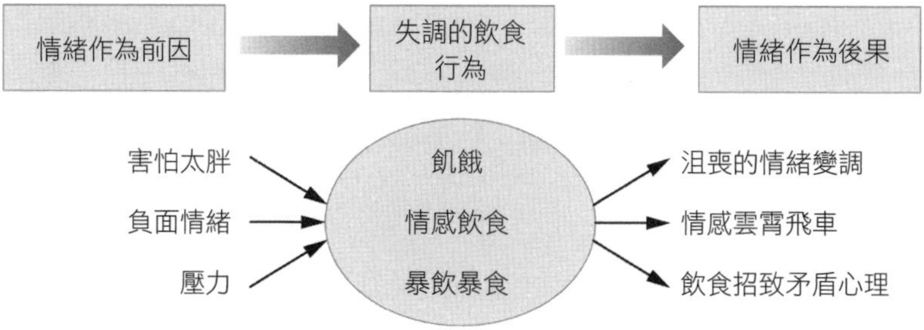

圖10｜情緒作為失調飲食行為的前因與後果。

失調的飲食行為會同時改變個人的自身價值與飲食的主觀意義。飲食變成會招致矛盾心理，也會同時引發正面與負面的情感，它會同時是獎勵與威脅，而且這點往往早在病症浮現很久之前就已相當明顯。在多數的情況裡，數個情緒問題會合在一起，這些壓力情緒會先行於進食障礙，還會在疾病的發展過程中因失調的飲食行為而加劇。

然而，我們如何才能擺脫缺乏自尊感、限制飲食攝取、暴飲暴食與自我厭惡的惡性循環呢？唯有先解決潛在的情緒錯亂，才能克服進食障礙的情況；值得慶幸的是，這不是不可能的任務！

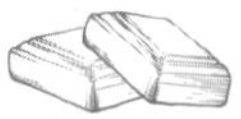

克服有問題的飲食模式

> 「幸福不是美德的報酬，而是美德本身；我們之所以能夠享有它們，並不是因為我們抑制慾望，而是因為我們享受慾望，這也是為何我們能夠抑制慾望。」
>
> 史賓諾莎（Baruch de Spinoza）[1]

暴食症患者會被困在禁食與暴食的循環中。厭食症患者有時會嚴重挨餓到瀕臨死亡。嗜食症患者則是深為暴飲暴食與肥胖所苦。他們能否學會再度以不一樣的方式飲食？有問題的飲食模式又該如何克服呢？

蕾娜（Lena）是位現年四十出頭、身形嬌小的女性。當她走進車站大廳，首先聞到了油煎香腸、烤魚和鬆餅的香味，頓時感覺到了轆轆飢腸在翻攪。人們匆忙地走來走去，她則緩緩地路過一些小吃店，試圖控制自己。在火車上，她吃了一個全麥麵包，若有所失地望著窗外。陰霾籠罩田野，夏日進入尾聲。在車窗上，她瞥見了自己的倒影；一頭早已花白的短髮、一副有點太大的角質眼鏡、一條簡單的圍巾和一件深色的上衣。「灰老鼠」（graue Maus；意指「不起眼的人」），她心想，「我唯一引人注目的就是，我很胖！」

不久之後，她與丈夫共進晚餐；他們吃了煎馬鈴薯、荷包蛋及沙拉。晚餐過後，他們一起看了電視；電視上所播放的是一齣以醫院為背景的連續劇。家裡養的貓趴在她的腿上呼呼大睡。之後他們便就寢，接著還在床上看了一會兒書，直到昏昏欲睡。然而，在她關燈後，她卻又突然變得清醒。她透過敞開的窗戶望著外頭一片漆黑。從附近的森林裡傳來了貓頭鷹的叫聲。夜晚的涼風拂過她的臉，有那麼一會兒她沉浸在自己的煩惱中。她的丈夫患有心臟病，而她自己則患有糖尿病。她思索著未來，想像著退休之後能夠從事的一切，思忖著花園、度假與教堂合唱團。突然間，她被自己的幻想嚇到了。她已經解決了現在的煩憂嗎？她任職於一家管理顧問公司。在會議、簡報與通電話的那些時間裡，在她身上都發生了些什麼？即使她做得不錯，薪水也很合理；然而，在這樣的時刻，她卻不禁自問：這一切都是所為何來？

到了午夜時分，她索性下床來，躡手躡腳地走向廚房的儲物櫃，把裡頭存放的甜食全部吃光。甜美的滋味、升高的飽足感和逐漸在她體內散開的溫暖，將她帶到了另一個世界。她一邊吃、一邊看著窗外。天空一片漆黑，對她來說彷彿是無垠的，它似乎吸納了一切。她再次聽到了貓頭鷹的鳴叫。她不斷地吃，直到再也吃不下為止。

到了早上，她覺得自己彷彿就要暴斃。血糖值是場災難。她先去看了醫生，接著請了病假，隨後去了超市。回到家中，她把購物的戰利品擺到廚房的桌子上，有餅乾、巧克力、小麵包、香腸、火腿等等。夜晚的暴飲暴食激起了她的貪婪。當她伸手去拿巧克力時，她的雙手卻抖了起來，差點使她無法打開包裝。她像咬入一片麵包般惡狠狠地咬入巧克力，彷彿她已經好幾天沒吃東西。她恍恍惚惚地吃著。之後，她躺到了電視機前，直到晚間。

早在童年時期，蕾娜的食量就已經不小。到了她十六歲的時候，她被診斷出患有「老年糖尿病」（senile diabetes），並且首次住院接受飲食控制。一場漫長的奮戰也就此展開。她的父母感到相當絕望。醫師開給她抑制食慾藥劑、鴉片類阻斷劑、荷爾蒙製劑與減肥飲食。蕾娜在減重後卻又復胖。高中畢業後，她第二次住院，之後又有第三、四、五、六次。蕾娜又是在減重後再度復胖。上了大學之後，情況變得更糟，她經常會藉助飲食以消弭心中的孤寂感、抑制考試引起的焦慮。很快地，她的體重就來到了一五〇公斤。她以十分優異的成績畢業，也在工作上取得了成功；唯一美中不足的是，飲食的問題依然存在，而且她拼了命地想要解決這個問題。她擬定了飲食計畫，確定何時要吃多少什麼。然而，她還是無法避免在減重後復胖。她在自己的減肥飲食上栽了跟頭，在根據固定規則進行飲食上慘遭滑鐵盧。她向營養顧問與健身專家尋求諮詢，在一家私人診所參與禁食課程，體重始終還是減了又增。到底可不可能持久地改變飲食行為呢？還是說，肥胖就是她的宿命？「我該如何撥動開關，控制我的貪婪呢？」她拚命地問著鏡中的自己。

給飲食一點秩序

像蕾娜這種嚴重的情感飲食者，唯有在學會妥善應對壓力情緒下，才能克服暴飲暴食的問題。為此，需要包括幾個步驟的一套治療。最好能以務實的態度展開。

值得慶幸的是，許多患者在學會（盡可能地）整頓一下自己的飲食行為、學會定時地與適量地進食後，會對他們很有幫助。當飲食變得較有條理時，嚴重營養失調的情況就會被消除，因飢餓或暴飲暴食而陷於困惑的身體組織就能得到平靜。如此一來，暴飲暴食的問題也能間接地獲得較好的控制，因為由身體所觸發的渴望會變得較可預測。在某些情況下，前往醫療機構尋求治療會很有幫助；這也能讓當事人擺脫可能會使他們的問題加劇的家庭環境。

蕾娜也在一家醫院再次接受為期數週的治療。在那裡，她排定了一套營養與運動計畫，而且也按照計畫飲食，份量既不會過多、也不會過少，主要是水果、蔬菜與全穀食物。住院過後，她的體重減輕了十五公斤，情緒也恢復了平衡。她的工作進展順利。在與客戶打交道時，她很有耐心。當工作堆積如山時，她也能保持鎮定。她的壓力和飲食習慣都獲得了控制。

然而，當她在十二月的一個晚上下班後前往火車站時，她卻遇上了麻煩。她並不清楚，是什麼原因帶來了這些麻煩。也許是雪花。當時的空氣很清新。她深吸了一口氣。就在此時，她在路燈的光芒中瞥見了第一批閃閃發亮的雪晶，它們緩緩地落在地面上，隨即融化。在經過超市的櫥窗時，她再次感到飢腸轆轆。

她索性進了超市，直奔甜食貨架，隨即機械性地抄起一片「卡布奇諾全脂牛奶」口味的巧克力，跟著又去拿了一包兩百公克的肋排。走出店外，她先將巧克力剝成一小片、一小片的形式，放入外套的口袋中，在前往火車站的路上一塊接一塊地吃著。待走到站前廣場時已經全部吃光。接著她又去買了一份土耳其烤肉三明治，準備在火車上吃。她的腦海裡傳來一陣輕聲細語：「妳為何要放棄暴食狂歡？妳將會永遠失去某些東西！」晚餐時，她吃了肉醬義大利麵。之後，她躺到了沙發上，一邊看電視、一邊吃餅乾。

在接下來的幾個星期裡，整個情況的發展宛如潰堤。只要一有機會，貪婪的食慾就會上她的身。在辦公室裡工作時，她會一邊吃著巧克力和小熊軟糖。午餐過後，她會再吃第二份甜點。喝咖啡時，她會搭配三塊蛋糕。在公司的聚會上，她會吃下多盤的自助餐點；不過，她會把餐盤堆到別的桌子上，以免自己的貪吃被人發現。「我的飲食慾望比以往的任何時刻都來得強烈，其中的機制已經存在於我的體內，一有機會，它就爆發出來。」

飲食行為的自我控制

長期根據新的規則飲食，無論它們多麼有用，這都是一件很難的事。在改變的過程之初，它能幫助我們再次規律地飲食，像是每天吃三到五頓飯，還能幫助我們吃得健康且多元。這樣的方式能夠安撫失調的飲食行為，卻尚不足以克服有問題的飲食模式。根深蒂固的飲食習慣是在不知不覺中（同樣也是發自某些深處）為身體與大腦所控制，單單只靠規則和計畫是無法改變它的。

也許，在一段時間內，人們能以不同的方式飲食；然而，當我們認為自己已經克服了舊的飲食模式時，它們卻會重新出現。即使在成功的治療後，至少有三分之一的進食障礙患者會再次出現飲食問題。當我們嘗試減肥或較為健康地飲食時，類似的情況同樣也會一再發生。我們了解了健康飲食的一些基本原則，也嘗試了例如多攝取植物性食物與全穀物製品，少攝取糖與脂肪。然而，即使我們為身體提供了足夠的營養，卻還是會出現某種缺乏的感覺。我們體內的某些部分渴望著我們一直都喜歡吃的某些食物。

此外，遵守規則的努力常會受到外部影響的干擾，像是外界的食物刺激、情感與想法、他人的行為等。絕大部分的減肥計畫參與者，在減肥後經過一段時間就會恢復原本的體重，甚至超越原本的體重，這點絕非偶然。這就是眾所周知的「溜溜球效應」（yo-yo effect）。[2]

可是，我們如何才能克服有問題的飲食模式呢？從長遠看，我們如何才能建立不會一再遭受缺乏的感覺侵襲的新飲食方式呢？

我們必須致力於「從內部」控制飲食行為的能力，而非單單只是藉由外部的規則。為此，我們必須協調被體驗過的飲食需求與我們的目標；而這絕非易事。飲食行為的自我控制需要各種能力，而這些能力則有賴於個人的能力、環境與期望的目標。

自我觀察是其中一項能力。它是行為永久改變的基礎。在心理治療中，以及在進食障礙的治療中，極其重要。[3]

患者得要記錄像是他們在何時吃了多少東西、在什麼情況下吃了什麼東西、吃東西時是否與某些事件、想法或情緒有關等等。他們不是只將注意力擺在刺激他們飲食的外部因素，同時也擺在他們自己的感受和心情。乍看之下，這並不容易；不過，在經過一番練習後，就能逐漸改善對於自身體驗的感知。參與此類計畫的人得要學著，將其他的身體感受與飢餓感區分開來，並且反覆訓練這一點。如此一來，就能清楚地知道，什麼時候飲食的慾望是被情感、壓力或外部的事件所挑起，而非身體的飢餓感所挑起。

佛教禪修所用的技巧可用於幫助自我觀察。其中的核心練習之一則是，對於當下的經驗進行全神貫注、不帶成見的觀察。

蕾娜藉由正念訓練（mindfulness training）認識到，她往往都不會將飢餓感與其他的身體反應區分開來。然而，在一次感知練習中，當她觀察身體各個部位的感受時，怪事發生了：在她把注意力轉移到腹部時，她居然就睡著了。她可以毫無困難地觀察身體的其他部位，可是一旦到了腹部，她就睡著了。當她終於能夠全程保持清醒地完成整個練習時，她感覺自己的肚子就像一個「巨大的洞」，一旦練習結束，她就得用同樣大量的食物來填補這個洞。她顯然將幾乎所有腹部的感受都解釋為飢餓，難怪她會經常覺得自己得要吃東西才行。

逐漸地，她盡可能只有在真正感到飢餓時才進食，因為她已更有能力識別自己身體的飢餓信號。過了一段時間之後，她也變得更加能夠察覺在飲食過程中飽足感的變化，她也因此可以提早結束用餐。最後，她還發現到，自己對於食物的刺激有多敏感。當剛烤好的可麗餅的香氣朝她撲鼻而來，當她的同事送她一些他們自己烤的蛋糕，當她偶然在辦公桌的抽屜裡發現一條巧克力棒，每當她遇到美味的食物，她都會覺得有股想吃的慾望。

顯然她對於食物的刺激特別敏感，這也常常破壞了她改變飲食行為的嘗試。因此，無論食物多麼誘人，她都會試著盡量不要屈服於所有的飲食衝動。經過一年的治療，她又瘦了十五公斤；這是她二十年來最輕的體重。她第一次在自己身上感受到了能夠克服進食障礙的信心。

然而，時至七月，即使到了夜裡，同樣也是十分燠熱。蕾娜睡不太著，當她總算得以入睡時，蚊子的叮咬卻又把她從睡夢中喚醒。她立起身來，看著皮膚上的紅腫處，開始抓起了癢。她用藥膏塗抹在抓過的皮膚上，但卻還是一直無法成眠。到了某個時候，她索性走到冰箱前面。

飲食是蕾娜緩解壓力的靈丹妙藥。即使是芝麻綠豆大的日常壓力，也會讓她想要吃東西。為了推遲令人不快的通話，為了撫平一場困難的諮詢對話帶來的挫折，她就想要吃東西。為了壓抑與同事的衝突，為了度過一個下雨的星期天，她就想要吃東西。當她錯過了火車，當她得做一大堆家事，她就想要吃東西。當她與丈夫吵架，當她月經來潮，當她感到無聊，當她覺得噁心，又或者，當她感冒時，她就想要吃東西。有時光是被蚊子叮咬，就足以讓她想要進食。

她知道自己在做什麼：「我吃東西是為了壓抑、拖延或逃避責任。我用巧克力趕走所有的不愉快。當我躺在電視機前一邊吃著東西、一邊看著電視，我宛如身處於一個甜美的無人之境，痛苦的現實遠遠離我而去。」

唯有學會藉由飲食以外的方式去解決情緒壓力，蕾娜才能克服她那有問題的飲食行為。問題是，她該如何啟動這個學習過程？她又如何才能學會以不同的方式去應對壓力情緒？

給壓力飲食者與沮喪飲食者的訓練

那些經常會在壓力下飲食、而想要克服這種自動機制的人，面臨著漫長的學習過程。

這個學習過程又常會伴隨著故態復萌的挑戰，就像蕾娜的情況那樣。值得慶幸的是，對於情況比較沒有那麼嚴重的人來說，學習改變多半比較容易。藉助符茲堡大學（University of Würzburg）所發展出的一套訓練計畫，壓力飲食者與沮喪飲食者，往往在兩個月後，就能讓有問題的飲食行為明顯減少。這套訓練包含了三個要素；在此我很樂意為讀者做個說明。[4]

首先，參與者會被教導一些關於飲食行為的基本知識，例如：哪些刺激會刺激我們飲食？飢餓、飽足和食慾如何產生？飲食情感是什麼，它們的作用又是什麼？訓練的參與者還要學習，什麼是情緒、為何我們會經受情緒、我們又該如何應對它們？他們越能了解自己的飲食行為與自己的情感，就越有能力去對它們發揮影響力。

其次，參與者得要學習正念技巧，藉以更加清楚地認識自己的飲食模式與情感反應。他們得要試著觀察，究竟是什麼刺激了他們想要飲食，在這當中他們經歷了什麼樣的身體感受，外部的影響、飢餓感和情緒壓力又是如何提高他們對於飲食的渴望。他們得要學著觀察自己的感覺和心情。

有時正念內省的技巧很難學習，尤其是在面臨恐懼、憤怒與悲傷等情感。面對這些情感是不舒服的，尤其是如果當事人寧可一輩子都躲避那些情感的情況。此外，它們有時也可能會是瞬息萬變、稍縱即逝，如將注意力擺在情感過程的個別面向，那會很有幫助，例如所經受的情感連同它們對於身體造成的影響、先行於情感的事件與評估、情感對於思緒和行為的影響等。

當我在晚上帶著疲憊（也許還有些沮喪）回家時，我或許會發現，潛意識裡的一股憤怒正在我的身上運作著，它使我的身體、下巴肌肉和前額陷於緊繃。這或許和我的同事的酸言酸語有關……

如前所述，獲得改善的自我觀察過程，是成功改變的前提。它讓訓練的參與者得以了解，在何種情況下他們會因受到情緒壓力的刺激而飲食。憑藉這個基礎，在第三個步驟中，他們得要學習更為妥善地控制對於食物的渴望，得要學習抵禦飲食衝動，而非屈服於它。最後，他們還要學會使用新的策略來應對壓力情緒。

最好能將各種不同的應對策略結合起來。不過，重要的是，別再逃避壓力情緒，不要壓抑自己或迴避它們，而要靠近它們，要在不躲避它們的情況下與它們和諧共存。[5]這種方法往往都能促成初步的改變，因為當我們以一種願意接納的態度去對待壓力情緒時，它們確實就會變得比較能夠為人所承受。在這當中，理性並非總是重要的，我們每個人的心中其實都有非理性的因素，而這通常都能藉由受到迴避的情緒來識別。我們也必須認識

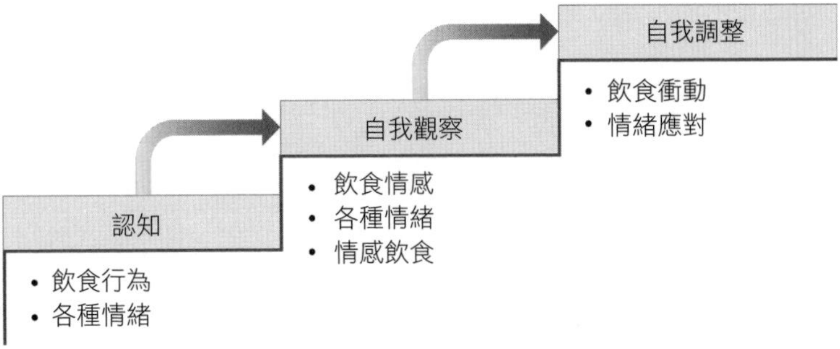

圖11｜若想克服有問題的情感飲食方式，必須實踐三個步驟。

到，我們其實是會變得不理性的。

簡言之：壓力飲食者與沮喪飲食者主要必須學會三種技巧，藉以打破既有的飲食模式。他們得要先認識壓力導致的慾望，得要控制它們，還得要以與飲食不同的方式去應對造成壓力的情緒。

蕾娜也按照這些原則。她試著馴服壓力造成的飲食衝動。過了幾週後，她就培養出了在不立即進食下抵擋住對於食物渴望的能力。她在內心對此向後退了一步，每一公釐的間距都能讓她贏得一些迴旋的餘地。她學會了在不屈服於飲食慾望下去感覺它。

她竭盡所能地避免隨意飲食。她打掃、燙衣服、整理書桌。她散步、游泳。她與好友通電話。當她外出時，她會在錢包裡放一張提示卡，提醒自己能夠做些什麼，而不要去吃東西：

• 深呼吸
• 祈禱
• 散步
• 打電話給朋友

隨著時間的經過，她逐漸能夠不以飲食的方式來應對情緒壓力。暴飲暴食的情況，儘管尚未完全消失，卻也不再那麼頻繁。在一個糟糕的階段裡，光是對丈夫或同事的一點惱怒、一堆尚待熨燙的衣物或是頸部的些許緊繃，就足以令她再度躺回電視機前，一邊看著電視、一邊吃著餅乾和巧克力。一旦她放任自己去飲食，她的慾望就會更加強烈。她要永久擺脫暴飲暴食是極其困難的。這種飲食模式十分根深蒂固。當她在改變的過程的最後階段克服了自我懷疑時，這樣的飲食模式才總算退居二線。

在蕾娜的身上，有種「自己可說是一無是處且微不足道」的感覺，刻骨銘心地深植於她的心中。在家庭的慶祝會上，她迄今依然是個敬陪末座的小女孩。姐姐在專業上很成功，有錢又有孩子。蕾娜卻連自己的糖尿病也控制不了。一旦自我懷疑油然而生，她就會開始大吃大喝。飲食雖然能夠讓人暫時鬆一口氣，不過到頭來，她卻感到自己變得比以前更糟。她責備自己屢屢在嘗試正常飲食的路途中跌倒，她也從而確認了自己的負面自我形象。有時，她會對能夠變得健康失去希望，甚至還會萌生放棄的念頭。

自我懷疑引發了暴飲暴食，暴飲暴食加劇了自我懷疑。當蕾娜能夠克服自我懷疑時，她就能夠克服她那有問題的飲食模式。她到底要如何才能做到呢？

每個人都會有一個自己認為自己是怎樣一個人的形象，也就是一個自我概念（self-concept）。它會受到經驗的影響，尤其是在童年與青春期。一個人若是經常被人忽視或貶抑、受人嘲笑、唯有在達成他人所要求的表現或成績時才能得到關愛，很容易會缺乏自信，而且這種情況會一直持續到成年之後。如果被人忽視或貶抑的情況相當嚴重，日後發生精神疾患的風險就會升高。

因此，在進食障礙的治療中，克服過份低下的自尊感往往扮演著重要的角色。在這當中，觀察涉及自我的負面思考模式，繼而認識這種思考模式的扭曲，會很有幫助。

蕾娜察覺到了，即使在沒有任何理由的情況下，她也會給自己負面的評價。萬一她遭到同事的批評，儘管她知道對方的批評根本毫無道理，自我懷疑還是會不禁浮現。漸漸地，她才能拉出一個間距，才能後退到前述的步驟裡，進而看清：那些彷彿自然而然浮現的想法，完全與事實不符。

就這樣，她一點一點地看到了自己的優點。這是一個相當辛苦的學習過程，因為當遇到壓力時，負面的思考模式與藉助飲食撫平自我的傾向很容易就會再度歸來。自我懷疑、沮喪心情與暴飲暴食之間的連結沒有那麼容易「去除」。蕾娜必須學會暫時與它們共存，學會容忍偶爾的失足。然而，她越常不以飲食的方式去應對情緒壓力，她就越有自信。她越有自信，舊的飲食模式就越不會來侵擾她。

蕾娜在自己身上下了很多功夫。她重新整頓了自己的飲食行為，也提升了自己對於飢餓與飽足的感知能力。她認識到，自己的飲食誘因有多麼多元。她學會了抵抗飲食衝動，也學會了不以飲食的方式去應對情緒壓力。她不僅減輕了體重，也表現出了令人欽佩的毅力。由於她常會落入原本的飲食模式，因此，她每每得要努力嘗試「三次」，才能徹底減掉一公斤體重。不過如今她也更能面對挫折。此外，她的胰島素需求量減少了，血脂值與血壓值也趨於正常。

這類成功故事其實並不罕見，只是鮮少獲得報導罷了。或許也是因為，永久改變自己的飲食習慣同樣也是十分困難，尤其是當它們達到進食障礙的嚴重程度時。然而，只要憑藉正確的引導與堅持的毅力，就有可能成功。

蕾娜越是遠離有問題的飲食模式，飲食友好的一面也就越明顯。到了某個時候，她發現了一種巧克力的新吃法，她將其描述如下：「巧克力看起來十分誘人，它們閃閃發光，散發出橘子的香氣。當我折下一塊時，這種香氣變得更加濃郁。在斷裂的邊緣上，露出了薄薄的白色杏仁條，而我則感受到了一股如奶油般的芬芳。我將半片巧克力折成許多小塊，接著就讓第一塊融化在我的舌頭上。我閉上雙眼，細細品嚐。一種興高采烈的感覺在我心中油然生起。品嚐了六塊之後，我的慾望退散了。我簡直不敢相信，自己只吃半片就足夠了！」

享受的祕訣

「倘若我們老是試圖仔細釐清自己的感受，樂趣便會消失。」

摩西・孟德爾頌（Moses Mendelssohn）[1]

「人生若簡，知足必來。」

達賴喇嘛（Dalai Lama）[2]

什麼是飲食享受？它是如何構成的？它的前提為何？任何尋找享受法則的人，同樣也會遇到它的迷思（*myth*）。

我們坐在加利福尼亞海岸邊一家小咖啡館的露台上，眺望著太平洋。空氣中夾雜著尤加利樹、松樹與海水的氣味。遠處的海上有兩隻海獅短暫地冒出頭來。我吃了一塊乳酪三明治和一份沙拉，十分美味可口。在密蘇里州（Missouri）的堪薩斯市（Kansas City），我們去了一家開在某個不起眼的建築裡、宛如員工食堂的餐廳。人們得用塑膠餐盤到櫃檯去取餐。菜單一目了然，有烤肉、煎馬鈴薯、炸薯條和小麥啤酒，簡直好吃極了。步出那裡的客人臉上無不堆滿了幸福的笑容。

當我們旅行時，我們會記錄所有的東西，不過，留在記憶裡的，往往都是一些不起眼的、偶然的情境。多年前，我在佛羅倫斯（Florence）的大教堂附近偶然發現一家義式餐廳，我在那裡吃了義大利餛飩（tortellini）。奶油、火腿條與磨碎的帕瑪森乾酪散發出一股美妙的香氣、混合成一種令人十分愉悅的滋味，以致對它的記憶至今仍能刺激我的味蕾。在為提契諾州（Tessin）的登山之旅畫下句點時，我們吃了玉米粥配燉牛肉。讓那頓飯成為一種享受的是深色醬汁，是肉、百里香和紅酒的濃郁香氣，抑或是我的飢餓？幾天後，我從樹上摘下了一顆成熟的無花果，隨即將那尚被太陽曬得暖暖的果肉與優格混在一起。我曾吃過比這更鮮美的東西嗎？

當我們享受時，在我們身上會發生些什麼事？什麼是飲食享受？這種經驗是如何構成的？它有哪些前提條件？

剖析享受的經驗

為了尋找享受的本質，我們採訪了一位家庭主婦、一位銀行職員、一位經理、一位女祕書、一位老師、一位上班族、一位科學家、一位女大生和一位女高中生。家庭主婦表示：「我喜歡義大利麵，無論搭配任何醬料，但它們絕不能煮得太軟。另外還得佐以撒上香芹的烤蔬菜，這很重要。」女祕書喜歡吃「水果、沙拉和蔬菜」，還有肉，但僅限於「小小的分量」。女高中生則是「最愛吃有點硬的食物」。

每個人心目中的美食都各不相同。像是鮪魚沙拉、烤鴨、皇帝煎餅（Kaiserschmarrn）、黃油蘆筍、草本夸克馬鈴薯、鮮採櫻桃或漁船直送的新鮮螃蟹……等等。[3]我們最愛的菜餚在來源、成分、營養含量與烹調方式上各有不同，我們看不出它們有什麼客觀的共同特徵。

然而，儘管每個人喜好的食物可能天差地別，可是飲食體驗本身卻是十分類似。人們總會描述種種的感官刺激，像是食物的色、香、味，它們的質地和軟硬，它們在口中所造成的溫度波動等。銀行職員表示：「我喜歡辣味、自然的滋味。」女大生表示：「食物該是多采多姿，這樣才能產生不同的味覺印象。」種種的感官知覺都是快樂的，它們會伴隨著種種令人舒暢的情感，像是滿足的感覺、輕鬆的感覺、解放的感覺、有效緩解飢餓的感覺、喜悅的感覺等等，這些情感經常會在我們飲食之際相伴而生。

在《布羅克豪斯百科全書》（*Brockhaus Enzyklopädie*）中，「享受」被描述為「當某種物質方面或精神方面的需求獲得滿足時所產生的快感。」然而，快樂其實只是享受經驗的一部分。在德文中，「Lust」（快樂）與「Genießen」（享受）這兩個詞彙的語源就已明白顯示它們的不同：「Lust」一詞可回溯至古高地德語的「Neigung」（愛慕、好感）一詞；日耳曼語的動詞「genießen」一詞則是源自「fangen」（捕捉）、「greifen」（抓住）。[4] 享受是有目的的活動的結果。針對大腦所做的研究同樣也表明了這一點。

當我們投入某人的懷抱，當我們在徒步旅行後喝水解渴，當我們在沙灘上散步，或者，當我們欣賞著林布蘭（Rembrandt Harmenszoon van Rijn）的畫作，每當我們體驗某些令人舒暢的事物時，在大腦裡就會發生以下的事情：首先，感官印象會被記錄到大腦皮層中，雖然在極其短暫的瞬間裡可能尚無任何感覺；不過緊接著，當刺激繼續傳播到大腦的其他區域時，知覺就會沉浸於快樂中。

大腦皮層下方，在腦幹與大腦的其他深部區域裡，存在著一些在演化的過程中早已形成的神經叢。由於它們埋藏得很深，以致它們的激活甚至無法滲入意識中。在那裡頭隱藏了某種遠比人類還要古老的興致，它會發出信號通知我們：這種刺激相當有益，請你轉向它！後來，位置較高的一些腦組織也來參上一腳；它們就是在大腦皮層下方的享樂「熱點」，每個熱點都只是大約一立方公分的神經組織。稍高一點，在眶額皮質（orbitofrontal cortex）中，感官印象會在這裡受到分類與評估。

對於享受而言，位置較高的大腦部位才是關鍵。讓快樂化為享受的種種活動的源頭存在於此。在這裡，生物固有的「古老」興致會在思維上受到處理，並且添加種種的聯想與記憶，換言之，與外部情境的種種特徵相互關聯，像是白色的桌布、漂亮的餐具、與我們一起用餐的人等等。[5]

熱愛美食的法官

在十八世紀時，對於享受的法則的思索開始興盛起來，當時有越來越多的人能夠獲取充足的食物，較高的社會階層甚至還食物過剩。在食物充裕下，飲食文化發生了翻天覆地的變化。菜餚變得更加精緻，用餐禮節變得更加複雜。人們享用費心烹調的菜餚，藉以增加享受或彰顯社會地位。諸如德國作家歐根・馮・費爾斯特（Eugen von Vaerst）之類的

「美食家」，嘗試針對飲食享受做些頗有見地的思考。「熟識我們的一位高貴的學生，從一顆橄欖裡取出了核，然後將一片鹽漬鯡魚塞回那個空隙。以這種方式填塞的果實復又被塞入一個「萊比錫萊切」（Leipziger Lerche；一種萊比錫的糕點）中，它復又被塞入一隻鶺鴒中，牠復又被塞入一隻山鶉中，牠復又被塞入一隻閹雞中，牠復又被塞入一隻雉雞中，牠復又被塞入一隻火雞中，牠復又被塞入一隻豬中。」在經過一番燒烤後，人們把所有的東西都丟掉，「除了核心，除了包含所有元素的精髓的那塊鹽漬鯡魚」。[6]

最高的享受須以不尋常的食材與費工的烹調方式為前提，這是一個具有悠久傳統的迷思。我猜想，如今它比往昔更為普遍流傳。或許從未有過如此多的人如此廣泛地探究飲食的問題。在報章雜誌、電視節目或美食部落格上，人們宣揚著各種最新的飲食趨勢，像是純素飲食、原始人飲食法（paleo diet）、低碳水化合物飲食法……等。伴隨各種新趨勢的發展，各種新食譜也跟著流傳；越是精巧與不尋常就越好。例如馬鞭草蒸雞胸肉佐肉桂沙巴雍（sabayon）與櫛瓜義大利麵、烤牛犢胸腺佐煙燻紅椒與白豆泥、泰國水菠菜配煎雞蛋與檸檬草、澳洲堅果及辣椒佐普羅賽克（Prosecco）牛肚等。這些食譜都是為了「自己動手做」而想出來的。然而，我們會在報紙的週末副刊上閱讀它們，卻不會實際去烹調它們。它們的烹調實在太過複雜。

食物甚至不是享受的關鍵佐料。在一八二六年，就在法國法官讓・安泰爾姆・布里亞—薩瓦蘭（Jean Anthelme Brillat-Savarin）去世前不久，他發表了一部足以令他永垂不朽的著作：《味覺生理學》（*Physiologie du Goût*）。有別於它的書名，這本書並非關於感覺受體、覺醒閾值（arousal threshold）與神經連結的科學論文，它其實是與飲食有關的軼事、食譜及思想的集合。

布里亞—薩瓦蘭描述了從雞湯、鬆餅到巧克力等各式食物的製作方式。他撰寫了一部被納入現代人類進化理論的「廚房史」。他討論了消化、消瘦與肥胖的規律性，也對「蒸餾水」的危險提出警告。然而，最重要的是，他在「飲食快樂」與「饗宴樂趣」之間做了區分。

他將「飲食快樂」理解為「滿足某種需求的直接感受」，這是一種「我們與動物共通的感受」，因為它只需要「飢餓與止飢所需的東西」。對此，他所描述的是產生於大腦深處的生物方面的古老興致。相反地，在「饗宴樂趣」中，他所見到的則是「在用餐之際，由人、事、時、地、物共同營造的不同情境所促成的反思感受」。那些享受飲食的人、那些坐在餐桌旁為自己的享受飲食而感到高興的人，所體驗到的不單只是純粹的快樂；他們會在思想上對快樂進行加工。

當然，布里亞—薩瓦蘭也描述了「饗宴樂趣」的外部條件。餐廳應當明亮，「餐具得要非常潔淨」，室溫應介於攝氏十六至二十度之間。菜餚不能太多，口味必須先濃烈、後清淡。「十一點之前」不能離席，但一到午夜時分則人人都得「就寢」。[7]

個人的喜好與文化的影響形塑了飲食情境的享樂設計。然而，誠如如今我們已能確定的那樣，享受經驗本身是普遍的，無論它在何處被察覺，無論是在酥皮裡的松露鵪鶉中，抑或是在佐以夸克的帶皮熟馬鈴薯中。它是由正面的情感反應，與具有針對性的、「反思」的活動所構成。

為何我們在享受時也得思考？

飲食之際愉悅的感受和情緒是享受經驗的基礎，但這得藉由具有針對性的活動才能產生。誠如我們的採訪所顯示，享受的活動早在飲食前就已開始。我們會在食材的選擇、它們的烹調與飲食情境的設計上下點功夫。然而，最重要的是，我們會將自己置於為享受經驗預做準備的狀態，例如，我們會在自己的想像中先預期享受，又或者，我們會確認自己足夠飢餓。飢餓會增強感官的知覺，它的滿足會帶來愉悅。舉例來說，一位上班族受訪者表示，她很重視節慶的服裝，她會花些時間好好打扮。她會站在鏡子前盤算著：「我要從頭到尾好好地享受一番！」[8]

後來，在餐桌上，我們會將注意力轉移到用餐時的感官事件鏈上，往往還會在不知不覺中嘗試藉各種技巧來提升感官印象。我們會消除干擾的因素，不在餐桌上抽菸，不用香水，關閉智慧型手機與電視機。我們會放慢飲食行為，藉以接收所有感官上的細微差別。

用餐時的外部設計可以進一步增強飲食觸發的感官刺激。在高檔餐廳裡，上菜時會先用保護罩罩住食物，此舉不單只是為了保溫，也是為了宛如在適當時機揭曉謎底一般，先將美味佳餚隱藏起來。緊張地等待著這一刻，驚喜的元素增強了飲食的感官效果。菜餚的順序係根據感官的對比，它們能夠提高用餐者的注意力。在清淡的湯品後，隨之而來的是主菜，接著是甜點。前面我曾提過的巧克力糖，就是採取層層堆疊的「建構」方式，在品嚐過巧克力塗層與甜甜的奶油後，就會撞上一個對比鮮明的果酸味核心。對比效應甚至由最初會引起抗拒的食物（例如內臟）觸發。我們可從其他的脈絡了解這種效應：在常被使用的放鬆技巧中，人們得先將肌肉拉緊，接著就會比較容易放鬆。換做飲食方面，在最初的抗拒反轉成為令人愉悅的感受下，享受的程度也會隨之提高。

除了準備的活動與用餐的感官設計以外，飲食的社交背景也很重要。享受體驗往往會與他人有關。對此，我同樣也想舉例說明。一位現年五十二歲的女性在受訪時表示：「家裡從來沒有什麼了不起的菜餚，因為我的父母得要省錢才行。而且（我最喜歡的食物）也不是什麼了不起的菜餚，就只是皮克特（Pickert），一種加了葡萄乾的乾煎發酵麵團。由於我們是一個大家庭，所以我們會用一個大盤子層層疊疊地盛放固定十五個皮克特，搭配果醬。然後，我們會一起坐下來用餐，我們這些小孩一直都很享受它。那是一個盛宴的日子。」[9]

光是有他人共餐，就足以提升享受的程度，尤其是當我們在他人享受時，觀察著他人，抑或是當他們在行為中表現出愉悅的感覺甚或談論它們。有時，談論感官的印象與對此的感受會先引起關注，之後光是對方的一聲「嗯」，就足以提升我們自己的幸福感。

我們擁有許許多多的享受技巧，像是在情緒上的心理準備、感官印象的強化、社交的刺激等等。然而，如若沒有對於「當下這一刻有多麼令人感到愉悅」的意識，空有這些技巧也是枉然。誠如布里亞－薩瓦蘭所言，這就是享受的祕訣之所在。畢竟，唯有當我們能夠具體想像（形象化）那些令人愉悅的感受，我們才能欣賞或提升它們。

在這個形象化的過程中，當然也會浮現記憶。當前述那位現年五十二歲的女性如今又吃到了皮克特時，她無可避免地想起了過去。她的回憶與乾煎發酵麵團既甜又油膩的滋味融為一體，從而提升了她的享受。在回憶與人事無常的意識相互交融下，甚至會在我們的

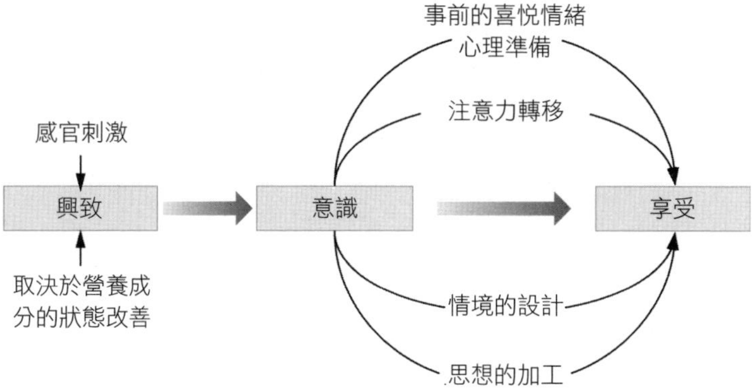

圖12｜飲食享受是由生物方面固有蘊藏的興致、對於這種興致的意識，及由此衍生、增進享受的種種活動，所共同促成的結果。

身上喚起某種「甜中帶苦、苦中帶甜」的經驗，或是喚起某種感恩之情。一切都是某個稍縱即逝的瞬間，這樣的確定性促使我們能夠特別珍視我們所經歷的事情。「我想，沒有什麼是永恆的，這也正是我享受當下的原因。」[10]

享受是可以學習的

心理學家佛雷德・布萊恩（Fred Bryant）與約瑟夫・韋洛夫（Joseph Veroff），曾採訪過數千人，藉以了解人們如何面對自己的愉悅經驗，例如在通過畢業考後的興奮，或是在度假時的自由自在。如同我們所做的訪談，那些受訪者同樣也表示，他們會聚焦於感官的印象，還會試著融入當下的體驗。他們會在意識到一切稍縱即逝之下珍視自己的體驗。為此，他們會去比較其他的經驗。他們會感受到某種感恩之情，還會與其他人分享他們的感覺與經歷。他們不僅讓令人愉悅的事情發生，而且還試著將其昇華。

布萊恩和韋洛夫還觀察到，享受的經驗僅在某些前提下才會發生。成績壓力與人際間的相互比較會讓享受變得困難。由此我們可以推測，享受的經驗可能不如基於廣布的享受需求所預期的那樣普遍。壓力與競爭是一個講求績效的社會的特徵。在這當中，享受的空間很小，往往只在週末或假期才有；此外，期望的壓力與現在無論如何都得享受的壓力，也使享受變得困難。對於患有抑鬱症或其他精神疾患的人來說，享受更是難事一件。他們深為自己的疾患所苦，以致幾乎無法轉而關注種種的感官印象。

然而，享受其實是一種可以學會的能力，尤其是在飲食方面，它會相當有益。以享受為導向的飲食可以提高人們對於生活的滿意度，減少過度飲食的趨勢，進而化解進食障礙的發展。[11]

因此，心理治療師們擬定了許多提升愉悅經驗的訓練計畫。在行為治療師萊納・盧茲（Rainer Lutz）的「享受小學堂」（Kleine Schule des Geniessens）訓練計畫裡，參與者藉由大量的訓練提高對於感官印象的關注，從而為享受奠定了關鍵的基礎。訓練的參與者得要嗅聞咖啡、橘子、草藥與牙膏，得要觸摸棉絨、木頭與絲綢，得要品嚐水果、堅果與巧克力，得要觀看鮮花、燭光與照片，得要聆聽聲音與噪音。他們得要收集自己的印象、記憶與聯想，並且彼此相互對此進行交流。[12]

通向享受的門打開之後，人們的心情往往也會跟著迅速獲得改善。在實地研究中，研究人員要求受試學生每天步行二十分鐘。其中一組（享受組）受試學生得要刻意地關注他們所遇到的令人愉悅的事件和經歷，即使只是一陣微風或一縷陽光。另外一組受試學生則沒有收到任何特殊指示。在享受組中，受試者的幸福感明顯增強。在這裡，同樣地，藉助一種我們人人都能在日常生活中採取的簡單策略，就能達到心理上的顯著效果。[13]

因此，如果你想要享受飲食，請你花點時間，試著擺脫任何形式的「必須」。請你注意一下，在你身上正在發生的事情，請你體驗一下某些令人愉悅的事情；這在飲食之際是非常有可能的。請你仔細品味一下，這一刻究竟有多麼令人愉悅。你打開感官，注意飲食之際的感官刺激，也注意令人感到舒適的飢餓感消退。你也可以使用其他所有提升享受的技巧，像是外部情境的設計、菜餚的烹調與上菜的順序等等。最後，重要的是：你得把愉悅的經驗形象化。

不過，請注意：太過目標導向也會令享受消失。我們無法鉅細靡遺地為享受做全盤規劃。沒有完美的享受、沒有完美的時刻，人們也根本無法人為地製造出它們。

圖13｜享受是如此簡單：有時一塊奶油麵包便已足夠。

在一家高檔餐廳裡，我見到一位客人找人把主廚叫來，他想抱怨盛酒的玻璃杯：它不適合這種葡萄品種！於是乎，一場激辯就此展開……

如果我們過分認真地為享受做準備，或是過分努力地求取享受，享受就會落空。享受不是透過刁鑽的烹調技巧和奢侈的食材實現的。過分複雜的飲食文化形式所能提升的只是面子，而非享受。無論是外部環境、抑或是食物，都不是非得超乎尋常，才能促成享受的經驗。享受的關鍵其實是一份有意識的愉悅體驗；對此，有時一塊奶油麵包便已足夠。

享受對於每個人來說各有不同，

它也能以不同的方式實現。我們所採訪的一位女大生描述了一頓令人十分享受的飲食如下：「我邀請了我的男朋友過來。我準備了魚排，超級可口，用牛油煎的，哇，簡直太好吃了！我還做了一些沙拉，配上炒蘑菇，非常美味。還有白葡萄酒，十分清涼，倒入漂亮的大玻璃杯。我打扮得很漂亮。桌上擺著蠟燭，餐具也都排列整齊，還有沙拉碗、漂亮的餐盤和餐巾……我們就這麼吃著，不時地還會互相交談，就這麼交談、飲食，復又交談、飲食，就這麼在平淡無奇中感到愉悅。在那之後也有一些美妙的事情，像是去散散步之類的，又或者，只是單純地享受著自己的飽足和滿足。」[14]

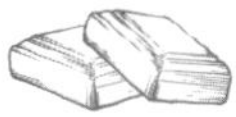

結語：處理飲食情感的簡易指南

「我們裝盛自己的餐盤，又把培根油淋在我們的麵包乾上，還為咖啡加糖。老人把食物塞入嘴裡，嚼了又嚼，然後吞嚥下去，接著說道：『全能的上帝，這真是太棒了！』」

約翰・史坦貝克（John Steinbeck）[1]

「當我們飲食時，我們就該進食且全然在場。」

維利吉斯・耶格爾（Willigis Jäger）[2]

有鑑於飲食攝取對於生存的重要性，就人類而言，飲食攝取會與強烈的情感相互關聯，這其實一點也不足為奇。畢竟，當發生了什麼攸關我們幸福安康的事情時，情感總會遭到觸發。它們能夠幫助我們應付生活的種種挑戰。這也就是為何在飲食方面我們也會感受到情感。體內營養物質儲備的波動，還有飲食之際的感官印象，都會造成情感的產生。一旦發出營養物質不足的警訊，我們就會飢餓；當我們看到、聞到或嚐到食物時，就會感到愉悅或反感。這些飲食情感會左右我們的飲食攝取、用餐的開始與結束，當然也會影響我們的飲食選擇。

然而，飲食與情感的交織卻遠遠不只於此。就連它們的萌生以及與飲食完全無關的情緒，例如恐懼、憤怒、悲傷和高興等等，同樣也會改變飲食行為。諸如此類的情緒會賦予一頓飯對應於情緒的某種色彩。它們會增加或抑制我們的飲食需求；因此，它們也會導致飲食行為出軌。

許多人會為了擺脫具有壓力的情感而飲食。有時藉助食物撫慰自己會習慣成自然。這時飲食成了克服情緒危機這個目的（往往是在絕望下使用）的手段。如果我們因此感到壓力重重，我們該怎麼辦呢？

第一步：注意你的飲食情感……

這基本上很簡單：在不要想影響你的情感的情況下，認識你的感覺是來來去去的。請你注意自己的飢餓感和飽足感，還有所有其他的飲食誘因。藉助練習，你會更有能力對於自己的飲食渴望進行分類。

在這當中，你還要觀察飲食在你身上觸發的情緒變化。當你看到、聞到或嚐到可口的東西時、當你吃了一塊巧克力時、當你享受時，在你的身上都發生了些什麼事？光是這樣的觀察就已經很有幫助。

第二步：但是不要隨之起舞

特別是對於克服有問題的情感飲食方式，這第二個步驟尤其不可或缺：注意你的飲食情感，但是不要隨之起舞。請你辨別，究竟是什麼促使你去飲食：是身體的飢餓感嗎？你是否見到外部環境的特徵反映在其中呢？還是壓力情緒呢？

過了一段時間之後，你就會認識到，在什麼時候你的飲食慾望比較可能是受身體的需求或情感的需要所激發。這時，你就能找到抵禦這些飲食衝動，和不以飲食的方式克服情緒壓力的方法。你啟動了一個學習過程，這個過程可能需要你的一點堅持，但它終究會為你帶來豐碩的成果。

第三步：學習應對情緒的新方法

壓力飲食者與沮喪飲食者，基本上必須採取三個步驟：觀察飲食情感、抑制情緒引發的飲食渴望、學習應對情緒的新能力。重要的是，別再避開壓力情感，而要應對它們。

單憑一種接受的態度，往往就會讓情感變得較能為人所承受。無論如何，我們都能在這個基礎上學習應對困難情緒的新方法，例如，當他人對我們做了某些惡意的負面評價，挑起了我們的情緒時。一個人若能學會不用飲食的方式克服自己的情緒，他就不容易退回舊的模式。

然而，並非每個對於情感與飲食之間的關聯感興趣的人都需要這種行為改變。或許你根本就不是情感飲食者，但是你同樣也會廣泛地涉獵與飲食問題有關的事情，也會注意健康的飲食。不過，在這當中，請你也不要忘記你自己和你的飲食情感。對飲食想太多會使得飲食之際的種種感受被隱沒。這會破壞飢餓信號與飽足信號的控制作用，會破壞飲食的感官性。我們可以在進食障礙的情況中觀察到，當人們失去進入飲食的情感世界入口時，這種壓抑過程將表現出的極端形式。

此處的出路與解法同樣也是：聆聽自己的心聲、觀察自己在飲食方面的感受與情感、較為強烈地據此調整飲食行為。無論飲食目標多麼理性，唯有當它與飲食情感協調一致，目標方能實現。請你注意自己的飲食情感，而且要更常隨之起舞。如果你的食慾確實是一種飢餓感，而非某種別的情緒的回響，那麼請你屈服於你的食慾。請你讓自己更頻繁地享受。那是值得的。

不過，請你記住：建議與規則都效果有限。飲食習慣的改變有它自己的一套動力學。它與挫折及轉折相連；這些轉折無法以書面說明或書本形式顯示。你必須自己面對真正的挑戰：實際履行。人類的飲食行為是由個人的經歷與好惡所形塑。我們每個人都活在自己的飲食世界中，一如這個飲食世界在我們的人生過程中不斷地發展。回顧飲食的歷史，往往有助於認識我們的飲食習慣的起源。它也會稍微顯示出我們的來歷。有時，當我讀到「烤鴨」一詞，我就彷彿見到穿著圍裙的母親站在烤爐前，彷彿聞到聖誕節當天滿屋子的燒烤香。接著，就連佈置好的餐桌也浮現在我眼前，節慶菜餚就擺在沾到了澱粉的桌布上，我可以好好地品嚐丸子麵團、燒烤與紫甘藍。因為那頓飯曾是一場獨一無二的歡樂！

謝詞

回想起來，本書的成書實在是多虧了許多人的提攜與幫助。首先是Wilhelm Janke為我指導了博士論文的寫作；接著我又與Heiner Ellgring及其工作團隊進行了許多相關的討論；之後，在「歐洲情緒研究者聯盟」（Consortium of European Researchers on Emotion；簡稱CERE）於巴黎舉行圓桌會議期間，我更有幸與Nico Frijda、Pio Ricci-Bitti、Bernard Rimé、Klaus Scherer、Marco Costa、Jochen Müller等人切磋與交流。那座城市瀰漫著自由的精神，而我們開會地點附近的拐角處也恰好有家巧克力店。Heiner Ellgring還幫助我改善了本書的內容結構。Matthias Kunstmann不僅親自幫我閱讀了多個版本的草稿，還不吝於在用餐時與我進行討論。David Booth很有耐心地為我說明了他的能量流理論是如何產生的。我在符茲堡大學教導的學生是一群很有意思的聽眾兼討論夥伴。Lena Krug、Thea Ebert與Maren Funke在文獻的整理上為我提供許多協助。我的「亞歷山大技巧老師」Uschi Hartberger一再幫助我放鬆面對。Ursula Wallmeier很快就幫我找到Mendelssohn的名言出處。

Caroline Draeger非常稱職地幫忙潤飾了內文。最後，如若沒有Barbara Wenner與Jürgen Bolz的協助，如若沒有我的妻子的包容，手稿恐怕永遠也無法成書。衷心感謝大家！

米歇爾・馬赫特

符茲堡，二〇二一年春

註釋

在案例闡述中，為保護當事人的個人權利，他們的姓名、其他個人特徵與生活背景都做了改變。

與情感共餐

1. Rilke, Rainer Maria (2019；原版：1929): *Briefe an einen jungen Dichter*. Insel-Verlag, Leipzig, p. 40–41。
2. 若有興趣進階探索「飲食與情感」這項主題的學術研究：在「社會科學引文索引」（Social Sciences Citation Index）中以關鍵字「emotional eating」進行搜索，在一九四五到二〇〇五年期間可以找到六十四篇論文，在二〇〇六到二〇一五年期間則能找到四百八十一篇論文。
3. 強迫性地執著於某些被認為是健康的食物，這種情況被稱為「健康食品癡迷症」（orthorexia nervosa）：Strahler, J. (2018): *Orthorexia nervosa: ein Trend im Ernährungsverhalten oder ein psychisches*

Krankheitsbild? Aktuelle wissenschaftliche Erkenntnisse. Psychotherapeutenjournal, 1, p. 20–26。

尋找飢餓信號

1. Brillat-Savarin, J. A. (1979，原版：1826): *Physiologie des Geschmacks*. Insel-Verlag, Frankfurt am Main und Leipzig, p. 26。
2. 這個以「明尼蘇達實驗」（Minnesota Experiment）之名聞名的研究，被分成了內容豐富的兩卷：Keys, A., Brozek, J., Hanschel, A., Mickelson, O., Taylor, H. L. (1950): *The biology of human starvation*. Minneapolis: University of Minnesota Press。

   第一段引文出自Kalm, L. M., Semba, R. D. (2005): *They starved so that others be better fed: remembering Ancel Keys and the Minnesota Experiment*. Journal of Nutrition, 135, p. 1347–1352, p. 1352, 本書作者親譯。

   第二段引文出自Lutteroth, J. (2014): *US-Regierungsexperiment – sechs Monate in der Hungerhölle* http://www.spiegel.de/einestages/minnesota-hungerexperiment-1944-nahrungsmangel-fuer-die-forschung-a-958232.html
3. Häusser, A., Maugg, G. (2011): *Hungerwinter. Deutschlands humanitäre Katastrophe 1946/47*. Berlin: Ullstein, p. 152。

4. 關於在人類歷史上的飢荒史實記述，請參閱：Murton, B. (2000): *Famine*. In: Kiple, K. F., Ornelas, K. C. (ed.): The Cambridge World History of Food, Vol. 2, p. 1411–1427. Cambridge: Cambridge University Press。

關於一九四六／四七年的飢荒寒冬，請參閱：Häusser, A., Maugg, G. (2011): *Hungerwinter. Deutschlands humanitäre Katastrophe 1946/47*. Berlin: Ullstein。所引用的當事人陳述：p. 152。

關於全球飢荒情況的資料，請參閱：Welthungerhilfe. (2017). *Hunger – Ausmass, Verbreitung, Ursachen*. https://www.welthungerhilfe.de/fileadmin/pictures/publications/de/fact_sheets/topics/2016_factsheet_hunger.pdf.

關於現今德國民眾營養不良情況的資料，請參閱：Pfeiffer, S., Oestreicher, E., Ritter, T. (2016): *Hidden and neglected: Food poverty in the global north – the case of Germany*. In: H.-K. Biesalski, Black, R.E. (ed.): Hidden Hunger (p. 16–23). Basel: Karger。

5. 關於早餐實驗，請參閱：Wardle, J. (1987): *Hunger and satiety: a multidimensional assessment of response to caloric loads*. Physiology & Behavior, 40, p. 577–582。

6. Walter Cannon的自我觀察資料係擷取自以下論文：Cannon, W. B., Washburn, A. L. (1912): *An explanation of hunger*. American Journal of Physiology, 29, p. 441–454, p. 444。此處也闡述了

氣球實驗。

對於Cannon的研究工作所做的概述：Cannon, W. B. (1945): *Der Weg eines Forschers*. München: Hermann Rinn Verlag。

Rosenzweig闡述了歷來人們從生理學上解釋飢餓感的嘗試：M. R. (1962): *The Mechanisms of Hunger and Thirst*. In: L. Postman (ed.): Psychology in the Making. Histories of Selected Research Problems (p. 73–143). New York: Alfred A. Knopf。

7. Hoelzel, F. (1957): *Dr. A. J. Carlson and the concept of hunger*. American Journal of Clinical Nutrition, 5, p. 659–662。

8. Stunkard, A. J., Fox, S. (1971): *The relationship of gastric motility and hunger: a summary of the evidence*. Psychosomatic Medicine, 33, p. 123–134。

9. 遺憾的是，迄今為止，針對人類的飢餓感的結構所做的研究並沒有很多。以下是較為重要的研究：

Monello, L. F., Mayer, J. (1967): *Hunger and satiety sensations in men, women, boys and girls*. American Journal of Clinical Nutrition, 20, p. 253–261。 Harris, A., Wardle, J. (1987): *The feeling of hunger*. British Journal of Clinical Psychology, 26, p. 153–154。

Friedman, M. I., Ulrich, P., Mattes, R. D. (1999): *A figurative measure of subjective hunger sensations*.

Appetite, 32, p. 395–404。

10. 以容易理解的方式闡述各種單一因素的生理飢餓模型：Balagura, S. (1973): *Hunger: a biopsychological analysis*. New York: Basic Books；Toates, F. M. (1980): *Animal behaviour: a systems approach*. Chichester: John Wiley & Sons。

11. Booth, D. A. (1972): *Postabsorptively induced suppression of appetite and the energostatic control of feding*. Physiology & Behavior, 9, p. 199–202。

12. David Booth於二〇一五年五月六日所做的個人陳述。

13. David Booth對於能量流模型所做的闡述，值得推薦給所有想要更深入地研究飲食行為生理學的人：Booth, D. A. (1976): *Approaches to feeding control*. In: T. Silverstone (ed.): Appetite and food intake (p. 418–478). Berlin: Abakon；另可參閱：Booth, D. A. (1978): *Prediction of Feeding Behaviour from Energy Flows in the Rat*. In: D. A. Booth (ed.): Hunger Models (p. 227–278). London: Academic Press。

14. 針對發生於餐前的種種生理反應所做的研究，不妨參考：Nederkoorn, C., Smulders, F. T. Y., Jansen, A. (2000): *Cephalic phase responses, craving and food intake in normal subjects*. Appetite, 35, p. 45–55。

飲食行為的兩張臉

1. Hemingway, E. (1999): *Paris – ein Fest fürs Leben*. Rowohlt Taschenbuch Verlag, Reinbek bei Hamburg, p. 60。
2. 關於女會計的案例，請參閱：Reeves, A. G., Plum, F. (1969): *Hyperphagia, rage, and dementia accompanying a ventromedial hypothalamic neoplasm*. Archives of Neurology, 20, p. 616–624。
關於老鼠在下視丘腹內側核遭破壞後的進食行為，請參閱：Hetherington, A. W., Ranson, S. W. (1940): *Hypothalamic lesions and adipostity in the rat*. The Anatomical Record, 78, p. 149–172；以及Balagura (1973)。
3. 關於老鼠在外側下視丘遭破壞後的進食行為，請參閱：Anand, B. K., Brobeck, J. R. (1951): *Hypothalamic control of food intake in rats and cats*. Yale Journal of Biology and Medicine, 24, p. 123–140。
關於這項實驗的背景較為詳細的闡述，請參閱：Brobeck, J. R. (1993): *Remembrance of experiments almost forgotten*. Appetite, 21, p. 225–231。
4. 關於下視丘的雙中樞理論，請參閱：Stellar, E. (1954): *The physiology of motivation*. Psychological Review, 101, p. 301–311。

5. 神經化學對於攝取食物的影響的經典研究：Grossman, S. P. (1960): *Eating or drinking elicited by direct adrenergic or cholinergic stimulation of hypothalamus*. Science, 132, p. 301–302。

一篇關於控制飲食行為的神經傳導物質十分淺顯易懂的概述：Klaus, S. (2014): *Hunger entsteht im Gehirn*. In: Verflixtes Schlaraffenland. Wie Essen und Psyche sich beeinflussen (p. 18–27). Bonn: aid Infodienst Ernährung, Verbraucherschutz e.V.。

6. 關於中樞神經如何控制食物攝取的幾篇概論：

Berthoud, H.-R. (2002): *Multiple neural systems controlling food intake and body weight*. Neuroscience and Biobehavioral Reviews, 26, p. 393–428。Berthoud, H.-R., Morrison, C. (2008): *The brain, appetite and obesity*. Annual Review of Psychology, 59, p. 55–92。

Langhans, W., Geary, N. (2010): *Overview of the Physiological Control of Eating*. In: W. Langhans, N. Geary (ed.): Frontiers in Eating and Weight Regulation (p. 9–53). Basel: Karger。

Schwartz, G. J., Zeltser, L. M. (2013): *Functional organization of neuronal and humoral signals regulating feeding behavior*. Annual Review of Nutrition, 33, p. 1–21。

Schwartz, M. W., Woods, S. C., Porte Jr., D., Seeley, R. J., Baskin, D. G. (2000): *Central nervous system control of food intake*. Nature, 404, p. 661–671。 Woods, S. C., Schwartz, M. W., Baskin, D. G., Seeley, R. J. (2000): *Food intake and the regulation of body weight*. Annual Review of

Psychology, 51, p. 255–277。

7. 一篇關於禁食期間所體驗到的飢餓的研究：Silverstone, J. T., Stark, J. E., Buckle, R. M. (1966): *Hunger during total starvation*. The Lancet, 287, p. 1343–1344。

8. 關於在認知失調下的飢餓體驗的實驗，請參閱：Brehm, J. W. (1969): *Modification of hunger by cognitive dissonance*. In: P. G. Zimbardo (ed.): The cognitve control of motivation (p. 22–29). Glenview, Illinois: Scott, Foresman & Company。

9. 針對關於攝取食物的外部刺激依賴性這方面的一些研究所做的概述：Wansink, B. (2004): *Environmental factors that increase the food intake and consumption volume of unknowing consumers*. Annual Review of Nutrition, 24, p. 455–479。

10. 關於超出飽足界限的飲食，請參閱：Cornell, C. E., Rodin, J., Weingarten, H. (1989): *Stimulus-induced eating when satiated*. Physiology & Behavior, 45, p. 695–704。

Levitsky, D. A., Youn, T. (2004): *The more food young adults are served, the more they overeat*. Journal of Nutrition, 134, p. 2546–2549。

11. 受制約的飲食行為啟動首先見於動物方面的實驗，請參閱：Weingarten, H. P. (1983): *Conditioned cues elicit feeding in sated rats: A role for learning in meal initiation*. Science, 220, p. 431–433。

關於兒童方面的相應研究，請參閱：Birch, L. L., Mc Phee, L., Sullivan, S., Johnson, S. (1989): *Conditioned meal initiation in young children*. Appetite, 13, p. 105–113。

12. 攝取食物的運作原理超越了體內恆定機制，在這當中，學習過程扮演著關鍵性的角色，請參閱：Ramsay, D. S., Seeley, R. J., Bolles, R. C., Woods, S. C. (1996): *Ingestive homeostasis: the primacy of learning*. In: E. D. Capaldi (ed.): Why we eat what we eat: the psychology of eating (p. 11–27). Washington DC: American Psychological Association。

飲食情感及其控制功能

1. Darwin, C. (1877): *A biographical sketch of an infant*, Mind, 285–294, p. 288。
2. Cabanac, M. (1971): *Physiological role of pleasure*, Science, 1103–1107, p. 1104。
3. 關於控制蒼蠅的飲食行為，請參閱：Dethier, V. G., Bodenstein, D. (1958): *Hunger in the Blowfly*. Zeitschrift für Tierpsychologie, 15, p. 129–140。

   關於動物的意識這個問題，請參閱：Low, P. et al. (2012): *Cambridge Declaration on Consciousness in Non-Human Animals*. Francis crick memorial conference on consciousness in human and non-human animals. University of Cambridge, Cambridge。
4. 這或許是首次有系統地針對味覺在新生兒身上引起的表情反應所做的研究：Steiner, J. E.

(1979): *Human facial expressions in response to taste and smell stimulation*. Advances in Child Development and Behavior, 13, p. 257–295。更為深入的再次研究，請參閱：Rosenstein, D., Oster, H. (1988): *Differential facial responses to four basic tastes in newborns*. Child Development, 59, p. 1555–1568。

關於味覺刺激在成人身上引起的表情反應，請參閱：Greimel, E., Macht, M., Krumhuber, E., Ellgring, H. (2006): *Facial and affective reactions to tastes and their modulation by sadness and joy*. Physiology & Behavior, 89, p. 261–269。關於味覺刺激在老鼠身上引起的「表情」反應，請參閱：Grill, H. J., Norgren, R. (1978): *The taste reactivity test. I. Oral-facial responses to gustatory stimuli in neurologically normal rats*. Brain Research, 143, p. 263–279。

跨物種的闡述，請參閱：Berridge, K. C. (2000): *Measuring hedonic impact in animals and infants: microstructure of affective taste reactivity patterns*. Neuroscience and Biobehavioral Reviews, 24, p. 173–198。

Steiner, J. E., Glaser, D., Hawilo, M. E., Berridge, K. C. (2001): *Comparative expression of hedonic impact: affective reactions to taste by human infants and other primates*. Neuroscience and Biobehavioral Reviews, 25, p. 53–74。

5. 關於在人類飲食行為中的飲食多樣性，不妨參閱：Dufour, D. L., Sander, J. B. (2000): *Insects*.

In: Kiple, K. F., Ornelas, K. C., p. 546–554；以及Aaronson, S. (2000). *Fungi*, ibidem, p. 313–334。

6. Wilkins, L., Richter, C. P. (1940): *A great craving for salt by a child with cortico-adrenal insufficieny*. Journal of the American Medical Association, 114, p. 866–868。

7. 關於懷孕期間的飲食渴望與異食癖：Orloff, N. C., Holmes, J. M. (2010): *Pickles and ice cream: Food cravings in pregnancy: hypotheses, preliminary evidence, and directions for future research*. Frontiers in Psychology, 5, Article 1976。

   Young, S. L. (2010): *Pica in pregnancy: New ideas about an old condition*. Annual Review of Nutrition, 30, p. 403–422。

8. 對於先天食慾的深入探討：Galef, B. G. (1991): *A contrarian view of the wisdom of the body as it relates to dietary self-selection*. Psychological Review, 98, p. 218–223。

   Schulkin, J. (2005): *Curt Richter: a life in the laboratory*. Baltimore: John Hopkins University Press, p. 47–76。

9. 關於Curt Richter的硫胺實驗，請參閱：Schulkin (2005), p. 65。

   關於缺乏硫胺的後果，請參閱：Biesalski, H.-K., Grimm, P. (2011): *Taschenatlas der Ernährung*. Stuttgart: Thieme, p. 164。

10. 關於飲食反感學習與「準備」，請參閱：Garcia, J., Koelling, R. A. (1966): *Relation of cue to consequences in avoidance learning*. Psychonomic Science, 4, p. 123–124。

Seligman, M. E. P., Hager, J. L. (1972): *Biological boundaries of learning*. New York: Appleton-Century-Crofts。

11. 關於老鼠如何在對於硫胺沒有先天食慾的情況下解決缺乏硫胺的問題，請參閱：Rozin, P. (1967): *Specific aversions as a component of specific hungers*. Journal of Comparative and Physiological Psychology, 64, p. 237–242。

12. 關於食物中營養物質的蘊含，請參閱：Deutsche Gesellschaft für Ernährung (2009): *Die Nährstoffe*. Bonn；以及Biesalski & Grimm (2011)。

13. 在所述習得的蛋白質偏好的實驗中，對於蛋白質相關的味道的偏愛主要表現在用餐的後段，尤其是在各式布丁方面，參閱：Gibson, E. L., Wainwright, C. J., Booth, D. A. (1995): *Disguised protein in lunch after low-protein breakfast conditions food-flavor preferences dependent on recent lack of protein intake*. Physiology & Behavior, 58, p. 363–371。

關於習得的對於碳水化合物食物的食慾，請參閱：Booth, D. A., Mather, P., Fuller, J. (1982): *Starch content of ordinary foods associatively conditions human appetite and satiation, indexed by intake and eating pleasantness of starch-paired flavours*. Appetite, p. 163–184。

以方法批判的方式綜論營養物質味覺學習的人體實驗，請參閱：Yeomans, M. (2012): *Flavour-nutrient learning in humans: An elusive phenomenon?* Physiology & Behavior, 106, p. 345–355。

一項味覺學習的人體實驗：Capaldi, E. D., Privitera, G. J. (2008): *Decreasing dislike for sour and bitter in children and adults*. Appetite, 50, p. 139–145。　關於分娩前的學習過程，請參閱：Gibson, E. L., Brunstrom, J. M. (2007): *Learned influences on appetite, food choice, and intake: evidence in human beings*. In: Cooper, S. J., Kirkham, T. C. (ed.): Appetite and body weight: integrative systems and the development of anti-obesity drugs (p. 271–300). London: Academic Press。這篇論文概述了學習過程在人類的飲食行為中的重要性。

代謝預期的概念引自Booth, D. A. (1977): *Appetite and satiety as metabolic expectancies*. In: Y. Katsuki, M. Sato, S. F. Takagu, Y. Oomura (ed.): Food Intake and Chemical Senses (p. 317–330). Tokyo: University of Tokyo Press。

關於飢餓與對於巧克力的渴望之間的關係，請參閱：Gibson, E. L., Desmond, E. (1999). *Chocolate craving and hunger state: implications for the acquisition and expression of appetite and food choice*. Appetite, 32, p. 219–240。

14. 關於人們在一七二四年於哈梅恩（Hameln）發現的那個男孩，請參閱：Blumenthal, P. J.

(2005): *Kaspar Hausers Geschwister*. München: Piper, p. 126。關於棄嬰的飲食行為更深入的闡述，請參閱：Zingg, R. M. (1940): *Feral man and extreme cases of isolation*. American Journal of Psychology, 53, p. 487–517, p. 506–509。

15. 關於成人的行為對於兒童的飲食偏好造成的影響，請參閱：Addessi, E., Galloway, A. T., Visalberghi, E., Birch, L. L. (2005): *Specific social influences on the acceptance of novel foods in 2–5-year-old children*. Appetite, 45, p. 264–271。
針對影響人類飲食行為的社會刺激所做的田野研究係出自：de Castro, J. M. (1990): *Social facilitation of duration and size but not rate of the spontaneous meal intake of humans*. Physiology & Behavior, 47, p. 1129–1135。

16. 這些訪談是由Jessica Golms與Marie A. Kramer在符茲堡大學（Universität Würzburg）的一場研究實習中進行與分析，參閱：Golms, J., Kramer, M. A. (2004): *Geschmackserinnerungen – Esssituationen im autobiografischen Gedächtnis*. Forschungsbericht Lehrstuhl für Psychologie I: Universität Würzburg。

17. 關於習得對於辣椒的偏好，請參閱：Rozin, P., Schiller, D. (1980): *The nature and acquisition of a preference for chili pepper by humans*. Motivation and Emotion, 4, p. 77–101。
關於飲食習慣如何被用在社會分化上，請參閱：Bourdieu, P. (1987): *Die feinen Unterschiede:*

Kritik der gesellschaftlichen Urteilskraft. Frankfurt am Main: Suhrkamp。

18. Paul Thomas Young曾發表過許多關於「飲食與情感」這項主題的論文，例如：Young, P. T. (1957): *Psychologic factors regulating the feeding process*. American Journal of Clinical Nutrition, 5, p. 154–161。

19. 關於飢餓時的身體感受，請參閱：Monello & Mayer (1967)；以及Schultz-Gambard, E. (1988): *Indikatoren von Hunger. Psychophysiologische Untersuchung zur Wirkung einer 24-stündigen Nahrungsdeprivation*. Dissertation, Universität Bielefeld。

關於剝奪飲食所造成的口腔觸覺變化，請參閱：Topolinski, S., Türk-Pereira, P. (2012): *Mapping the tip of the tongue – deprivation, sensory sensitisation, and oral haptics*. Perception, 41, p. 71–92。

20. Balzac, Honoré de (1981): *Vetter Pons*. Zürich: Diogenes Verlag, p. 27。

關於在不知不覺中注入胰島素藉以降低血糖的實驗，請參閱：Gold, A. E., MacLeod, K. M., Frier, B. M., Deary, I. J. (1995): *Changes in mood during acute hypoglycemia in healthy participants*. Journal of Personality and Social Psychology, 68, p. 498–504。

21. Derek Denton認為，原始的情緒狀態如何與飢餓、疼痛及睡眠相連，這在演化中導致了意識的出現，請參閱：Denton, D. A., McKinley, M. J., Farrell, M., Egan, G. F. (2009): *The role of*

primordial emotions in the evolutionary origin of consciousness. Consciousness and Cognition, 18, p. 500–514。

22. 關於發生在飲食時俗稱的所謂胃口，請參閱：Yeomans, M. (1996): *Palatability and the micro-structure of feeding in humans: the appetizer effect.* Appetite, 27, p. 119–133。
關於藉助美味改變咀嚼模式與吞嚥模式的實驗，請參閱：Bellisle, F., LeMagnen, J. (1980): *The analysis of human feeding patterns: the edogram.* Appetite, 1, p. 141–150。
Bellisle, F., LeMagnen, J. (1981): *The structure of meals in humans: Eating and drinking patterns in lean and obese subjects.* Physiology and Behavior, 27, p. 649–658。

情緒一族

1. Zimmer, D. E. (1981): *Die Vernunft der Gefühle.* München: R. Piper & Co. Verlag, p. 258（訪問 Edmund O. Wilson）。
2. 一項關於情緒在日常生活中的頻繁性的研究，請參閱：Scherer, K. R., Wranik, T., Sangsue, J., Tran, V., Scherer, U. (2004): *Emotions in everyday life: probability of occurrence, risk factors, appraisal and reaction patterns.* Social Science Information, 43, p. 499–570。
3. Meyer, W. U., Schützwohl, A., Reisenzein, R. (1993): *Einführung in die Emotionspsychologie* (Band

1). Bern: Huber, p. 15。

4. 關於情緒的定義的例子，請參閱：Solomon, R. C. (2000): *Gefühle und der Sinn des Lebens.* Frankfurt: Zweitausendeins, p. 106。

5. 關於情緒輪的更深入的說明，請參閱：Scherer, K. et al. (2013): *The GRID meets the wheel: assessing emotional feeling via self-report.* In: J. J. R. Fontaine, Scherer, K. R., Soriano, C. (ed.): Components of emotional meaning: A sourcebook. Oxford: Oxford University Press, p. 281–298。

關於情緒方面的表現行為，請參閱：Ellgring, H. (1986): *Nonverbale Kommunikation.* In: H. S. Rosenbusch (ed.): Körpersprache in der schulischen Entwicklung (p. 7–48). Baltmannsweiler: Pädagogischer Verlag Burgbücherei Schneider。

6. 關於情緒的定義與功能，請參閱：Kleinginna, P. R., Kleinginna, A. M. (1981): *A categorized list of emotion definitions with suggestions for a consensual definition.* Motivation and Emotion, 5, p. 345–379。

Scherer, K. R. (1984): *On the nature and function of emotion.* In: K. R. Scherer, Ekman, P. (ed.): Approaches to emotion (p. 293–318). Hillsdale, New Jersey: Lawrence Erlbaum Associates。Frijda, N. (1986): *The emotions.* Cambridge: Cambridge University Press。Lazarus, R. S.,

Lazarus, B. N. (1994): *Passion and reason*. New York: Oxford University Press, p. 179–181。

關於基本情緒的概念，請參閱：Ekman, P. (1992): *An argument for basic emotions*. Cognition and Emotion, 6, p. 169–200。

關於個別情緒的功能，請參閱：Frijda (1986)；以及Izard, C. E., Ackerman, B. P. (2000): *Organizational and motivational functions of discrete emotions*. In: Lewis, M., Haviland, J. M. (ed.): Handbook of emotions (p. 253–264). New York: Guilford Press。

關於喜悅的功能，請參閱：Frederickson, B. (1998): *What good are positive emotions?* Review of General Psychology, 2, p. 300–319。

7. 所述實驗係出自Chapman, H. A., Kim, D. A., Susskind, J. M., Anderson, A. K. (2009): *In bad taste: Evidence for the oral origins of moral disgust*. Science, 323, p. 1222–1226。

關於噁心心理學的概述，請參閱：Rozin, P., Haidt, J. McCauley, C. R. (2000): *Disgust*. Handbook of emotions, p. 637–653。

8. Carus (1846)，引述自Schneider, K. (1990): *Emotionen*. In: H. Spada (ed.): Lehrbuch Allgemeine Psychologie (p. 403–499). Bern: Huber。

關於情緒作為信號系統，請參閱：Thayer, R. E. (2001): *Calm energy – how people regulate mood with food and exercise*. Oxford: Oxford University Press。

情感通向飲食之路

1. 關於《聖經》或《舊約》與《新約》的所有經文，請參閱：Württembergische Bibelanstalt (1966), Stuttgart, p. 690。
2. 所述關於飲食行為的情緒一致性調整的實驗，請參閱：Macht, M., Roth, S., Ellgring, H. (2002): *Chocolate eating in healthy men during experimentally induced sadness and joy*. Appetite, 39, p. 147–158。

   另一項關於這方面的實驗引述自：Willner, P., Healy, S. (1994): *Decreased hedonic responsiveness during a brief depressive mood swing*. Journal of Affective Disorders, 32, p. 13–20。

   關於悲傷與喜悅的體驗與行為，請參閱：Frijda (1986)；Frederickson (1998)；Izard & Ackerman (2000)。
3. Schachter, S., Goldman, R., Gordon, A. (1968): *Effects of fear, food deprivation, and obesity on eating*. Journal of Personality & Social Psychology, 10, p. 91–97。
4. 關於壓力與食物攝取的關係，請參閱：Robbins, T. W., Fray, P. J. (1980): *Stress-induced eating: fact, fiction or misunderstanding?* Appetite, 1, p. 103–133。

   Greeno, G. G., Wing, R. R. (1994): *Stress-induced eating*. Psychological Bulletin, 115, p. 444–

464。

Strongman, K. T. (1965): *The effect of anxiety on food intake in the rat*. Quarterly Journal of Experimental Psychology, 17, p. 255–260。

Strongman, K. T., Coles, M. G. H., Remington, R. E., Wookey, P. E. (1970): *The effect of shock duration and intensity on the ingestion of food of varying palatability*. Quarterly Journal of Experimental Psychology, 22, p. 521–525。

5. 關於節食行為的頻繁性，請參閱：Hill, A. J. (2017): *Prevalence and demographics of dieting*. In: K. Brownell, Walsh, B. T. (ed.): Eating Disorders and Obesity. A Comprehensive Handbook (p. 103–108). New York: Guilford Press。

Brunner, F., Resch, F. (2015): *Diätverhalten und Körperbild im gesellschaftlichen Wandel*. In: S. Herpertz et al. (ed.): Handbuch Essstörungen und Adipositas (p. 9-14). Berlin Heidelberg: Springer。

6. 關於節食的效用與經濟意涵，請參閱：Mann, T. (2015): *Secrets from the eating lab*. New York: Harper Collins., Chapter 1。

Neumark-Sztainer, D., Loth, K. A. (2017): *The impact of dieting*. In: K. Brownell, Walsh, B. T. (ed.): Eating disorders and obesity. A comprehensive Handbook (p. 109–115). New York: Guilford

Press：Hill (2017)。

7. 關於解除受到抑制的飲食行為，請參閱：Herman, C. P., Polivy, J. (1980): *Restrained eating*. In: A. J. Stunkard (ed.): Obestiy (p. 208–225). Philadelphia: W. B. Saunders。

Herman, C. P., Polivy, J. (1975): *Anxiety, restraint and eating behavior*. Journal of Abnormal Psychology, 84, p. 662–672。

Westenhöfer, J. (1996): *Gezügeltes Essverhalten und Störbarkeit des Essverhaltens*. Göttingen: Hogrefe。

8. 關於情緒影響飲食行為的五種方式，請參閱：Macht, M. (2008): *How emotions effect eating: a five way model*. Appetite, 50, p. 1–11。

9. Holzhaider, H.: *»Das bin doch nicht ich«*, Süddeutsche Zeitung, Friday, 25. June 2010, Nr. 143, p. 47。

10. 關於情緒調節策略的彙集與分類，請參閱：Thayer, R. E., Newman, J. Robert, McClain, T. M. (1994): *Self-regulation of mood: Strategies for changing a bad mood, raising energy, and reducing tension*. Journal of Personality and Social Psychology, 67, p. 910–925。

Parkinson, B., Totterdell, P. (1999): *Classifying affect-regulation strategies*. Cognition and Emotion, 13, p. 277–303。

Gross, J. J. (1998): *The emerging field of emotion regulation.* Review of General Psychology, 2, p. 271–299。

11. 關於不同的情緒調節策略的效用的一項實驗，請參閱：Gross, J. W. (1998): *Antecedent- and response-focused emotion regulation: divergent consequences for experience, expression and physiology.* Journal of Personality and Social Psychology, 74, p. 224–237。

12. 與述情障礙患者的對話引述自：Bagby, R. M., Taylor, G. J. (1997): *Affect dysregulation and alexithymia.* In: G. J. Taylor, Bagby, R. M., Parker, J. D. A. (ed.): Disorders of affect regulation: Alexithymia in medical and psychiatric illness (S. 26–45). Cambridge: Cambridge University Press, p. 32–33（Dr. Jochen Müller翻譯）。

關於述情障礙這項概念的概述，請參閱：Müller, J. (2003): *Psychophysiologische Reaktivität bei Alexithymie.* Dissertation. Universität Würzburg。

飲食的舒緩作用

1. Hebb, D. O. (1949): *The Organization of Behavior.* Wiley, New York, p. 203。
2. 關於巧克力的歷史，請參閱：Davidson, A. (1999): *Chocolate.* In: A. Davidson (ed.): The Oxford Companion to Food (p. 176–181). Oxford: Oxford University Press。

關於可可的醫藥用途的一段歷史概述，請參閱：Dillinger, T. L., Barriga, P., Escárcega, S., Jimenez, M., Salazar Lowe, D., Grivetti, L. E. (2000): *Food of the gods: cure for humanity? A cultural history of the medicinal and ritual use of chocolate.* The Journal of Nutrition, 130, p. 2057–2072。

3. 針對對於巧克力的渴望與消費所做的一些研究，請參閱：Hetherington, M. M., MacDiarmid, J. I. (1993): *»Chocolate addiction«: a preliminary study of its description and its relationship to problem eating.* Appetite, 21, p. 233–246。Hill, A. J., Heaton-Brown, L. (1994): *The experience of food craving: a prospective investigation in healthy women.* Journal of Psychosomatic Research, 38, p. 801–814。

關於巧克力的製造，請參閱：Ziegleder, G., Danzl, W. (2016):*Das Conchieren. Die Entstehung des feinen Schokoladengeschmacks.* Journal Culinaire, 23, p. 104–109。

4. 關於可可所含的芳香物質，請參閱：Vilgis, T. (2016): *Schokoladengenuss unter molekularer Kontrolle.* Journal Culinaire, 23, p. 92–103。

關於可可影響情緒的精神藥理學實驗，請參閱：Smit, H. J., Gaffan, E. A., Rogers, P. J. (2004): *Methylxanthines are the psycho-pharmacologically active constituents of chocolate.* Psychopharmacology, 176, p. 412–419。

5. 對於食物的渴望，即使它們會產生成癮性，主要也都不是影響精神物質所致。關於這方面更進一步的闡述，請參閱：Rogers, P. J., Smit, H. J. (2000): *Food craving and food »addiction«: a critical review of the evidence from a biopsychosocial perspective*. Pharmacology, Biochemistry and Behavior, 66, p. 3–14。

6. 關於血清素假說，請參閱：Wurtman, R. J., Wurtman, J. J. (1989): *Carbohydrates and depression*. Scientific American, 260, p. 50–57。

關於富含碳水化合物的食物對於壓力反應的影響的實驗，請參閱：Markus, C. R., Panhuysen, G., Tuiten, A. (1998): *Does carbohydrate-rich, protein-poor food prevent a deterioration of mood and cognitive performance of stress-prone subjects when subjected to a stressful task?* Appetite, 31, p. 49–65。

研究顯示，即使是少量的蛋白質，也能阻止血液中色胺酸的選擇性升高；相關研究的綜述，請參閱：Benton, D. (2002): *Carbohydrate ingestion, blood glucose and mood*. Neuroscience and Biobehavioral Reviews, 26, p. 293–308。

7. 針對嬰兒所做的研究係出自：Smith, B. A., Fillion, T. J., Blass, E. M. (1990): *Orally mediated sources of calming in 1- to 3-day-old human infants*. Developmental Psychology, 26, p. 731–737；針對成人所做的研究則是出自：Macht, M., Müller, J. (2007): *Immediate effects of chocolate on experimentally induced mood states*. Appetite, 49, p. 667–674。

8. 關於因壓力而增加巧克力消費的實驗室實驗，請參閱：Willner, P., Benton, D., Brown, E., Survijt, C., Davies, G., Morgan, J., Morgan, M. (1998): *»Depression« increases »craving« for sweet rewards in animal and human models of depression and craving*. Psychopharmacology, 136, p. 272–283。

關於證明美味的食物對於各種壓力指標具有抑制作用的一系列研究，請參閱：Ulrich-Lai, Y. M. et al. (2010): *Pleasurable behaviors reduce stress via brain reward pathways*. Proceedings of the National Academy of Sciences, 107, p. 20529–20534。

9. 關於享用燉雞飯的個人用餐回憶，請參閱：Auster, P. (1990): *Mond über Manhattan*, Rowohlt, Reinbek, p. 371。

10. 關於食物的聯想的研究，請參閱：Lyman, B. (1989): *A psychology of food, more than a matter of taste*. New York: Van Nostrand Reinhold, p. 131–138。

更多在個人記憶中回憶食物的例子，請參閱：Hartmann, A. (1994): *Zungenglück und Gaumenqualen. Geschmackserinnerungen*. München: Beck。

11. 關於在享用安慰食物時所體驗到的安全感的實驗，請參閱：Troisi, J. D., Gabriel, S. (2011): *Chicken soup really is good for the soul: »comfort food« fulfills the need to belong*. Psychological Science, 22, p. 747–753。

Troisi, J. D., Gabriel, S., Derrick, J. L., Geisler, A. (2015): *Threatened belonging and preference for comfort food among the securely attached*. Appetite, 90, p. 58–64。

12. 關於在德州監獄裡的死刑前最後一餐，請參閱：Bernard, A. (2001): *Das letzte Gericht. Henkersmahlzeiten in den USA*. In: Süddeutsche Zeitung, 10. August 2000, Nr. 183, p. 15。

13. 關於我們針對吃了一顆蘋果與半片巧克力之後的情緒狀態所做的實地研究，請參閱：Macht, M., Dettmer, D. (2006): *Everyday mood and emotions after eating a chocolate bar or an apple*. Appetite, 46, p. 332–336。

14. 兒童方面顯示出了飲食偏好與食物能量密度具有正相關，請參閱：Birch, L. L., Doub, A. E. (2014): *Learning to eat: birth to age 2 y*. American Journal of Clinical Nutrition, 99, p. 723–728。
關於輸入脂肪減弱負面的情緒反應，請參閱：Van Oudenhove, L. et al. (2011): *Fatty acid-induced gut-brain signaling attenuates neural and behavioral effects of sad emotion in humans*. Journal of Clinical Investigation, 121, p. 3094–3099。 關於胃裡的營養感應器，請參閱：Sclafani, A. (2013): *Gut-brain nutrient signaling: Appetition vs. satiation*. Appetite, 71, p. 454–458。
安慰食物往往具有相當高的能量密度，請參閱：Oliver, G., Wardle, J. (1999): *Perceived effects of stress on food choice*. Physiology and Behavior, 66, p. 511–515。

15. 關於富含能量的食物對於抑制荷爾蒙壓力反應的效用，請參閱：Dallman, M. F. et al.

(2003): *Chronic stress and obesity: a new view of »comfort food«*. Proceedings of the National Academy of Sciences, 100, p. 11696–11701。

16. 關於在德國的不同社會階層、年齡層與性別族群中，肥胖的分布情況的流行病學數據，請參閱：Gößwald, A., Lange, M., Kamtsiuris, P., Kurth, B.-M. (2012): *DEGS: Studie zur Gesundheit Erwachsener in Deutschland*. Bundesgesundheitsblatt-Gesundheitsforschung-Gesundheitsschutz, 55, p. 775–780。

17. 關於攻擊性與低血糖的人種學方面的研究，請參閱：Bolton, R. (1973): *Aggression and hypoglycemia among the Quolla: a study in psychobiological anthropology*. Ethnology, 12, p. 227–257。

18. 關於大腦的葡萄糖消耗，請參閱：Biesalski & Grimm (2011). p. 26。

關於自我控制的概念，不妨參閱：Reinecker, H. (1999): *Lehrbuch der Verhaltenstherapie*. Tübingen: DGVT-Verlag, p. 300–326。

19. 關於在短暫減少能量消耗後情緒反應增加，請參閱：Macht, M. (1996): *Effects of high- and low-energy meals on hunger, physiological processes and reactions to emotional stress*. Appetite, 26, p. 71–88。

關於葡萄糖減低兒童的攻擊傾向，請參閱：Benton, D., Brett, V., Brain, P. F. (1987): *Glucose improves attention and reaction to frustration in children*. Biological Psychology, 24, p. 95–100。

關於在這方面針對成人所做的觀察，請參閱：Benton, D., Owens, D. (1993): *Is raised blood glucose associated with the relief of tension?* Journal of Psychosomatic Research, 37, p. 723–735。

20. 關於有「胡蘿蔔癮」的那位女性的案例，請參閱：Kaplan (1996): *Carrot addiction*. Australian and New Zealand Journal of Psychiatry, 30, p. 698–700。

情感飲食之謎

1. Shakespeare, W. (1975): *Historien*. Parkland, Stuttgart, p. 195。
2. 關於在基督城地震後的飲食行為，請參閱：Kuijer, R. G., Boyce, J. A. (2012): *Emotional eating and its effect on eating behaviour after a natural disaster*. Appetite, 58, p. 936–939。

   有著類似結果的另一項研究，請參閱：Carmassi, C., Bertelloni, C. A., Massimetti, G., Miniati, M., Stratta, P., Rossi, A. Dell' Osso, L. (2015): *Impact of DSM-5 PTSD and gender on impaired eating behaviors in 512 Italian earthquake survivors*. Psychiatry Research, 225, p. 64–69。
3. Macht, M., Simons, G. (2000): *Emotions and eating in everyday life*. Appetite, 35, p. 65–71。

   Macht, M., Haupt, C., Ellgring, H. (2005): *The perceived function of eating is changed during examination stress: a field study*. Eating Behaviors, 6, p. 109–112。
4. Balzac, Honoré de: *Vetter Pons* (1981), p. 27。

關於那位悲傷的大使的飲食行為，請參閱：de Winter, L. (1994): *Hoffmans Hunger*. Zürich: Diogenes。

5. 關於體重過重的「心身概念」的概述，請參閱：Kaplan, H. I., Kaplan, H. S. (1957): *The psychosomatic concept of obesity*. Journal of Nervous and Mental Disease, 125, p. 181–201。
   關於病態飲食模式與肥胖的關係另一篇較新的概論，請參閱：McCuen-Wurst, C., Allison, K. C. (2018): *Obesity, eating disorders and addiction*. In: T. Wadden, Bray, G. A. (ed.): Handbook of obesity treatment (p. 169–181). New York: Guilford Press。
   關於情緒性飲食與肥胖之間的關係，請參閱：Gibson, E. L. (2012): *The psychobiology of comfort eating: implications for neuropharmacological interventions*. Behavioural Pharmacology, 23, p. 442–460。
   Nagl, M., Hilbert, A., de Zwaan, M., Braehler, E., Kersting, A. (2016): *The German version of the Dutch eating behavior questionnaire: psychometric properties, measurement invariance, and population-based norms*. PloS one, 11(9), e0162 510。
6. 關於「替代行為」的人體實驗，請參閱：Cantor, M. B., Smith, S. E., Bryan, B. R. (1982): *Induced bad habits: adjunctive ingestion and grooming in human subjects*. Appetite, 3, p. 1–12。
7. 關於情緒性飲食者在負面情緒下飲用巧克力牛奶激活獎勵系統的研究，請參閱：Bohon,

C., Stice, E., Spoor, S. (2009): *Female emotional eaters show abnormalities in consummatory and anticipatory food reward: A functional magnetic resonance imaging study*. International Journal of Eating Disorders, 42, p. 210–221。

關於獎勵系統的靈敏性與之後的體重增加，請參閱：Stice, E., Yorkum, S. (2017): *Cognitive neuroscience and the risk for weight gain*. In: K. Brownell, Walsh, B. T. (ed.): Eating disorders and obesity. A comprehensive handbook (p. 78–83). New York: Guilford Press。

8. 關於情緒性的飲食行為與荷爾蒙，請參閱：Klump, K. L. et al. (2013): *The interactive effects of estrogen and progesterone on changes in emotional eating across the menstrual cycle*. Journal of Abnormal Psychology, 122, p. 131–137。如果青少年接受的是某種會讓情緒很有負擔的教養方式，那麼多巴胺系統的遺傳特徵就會提高他們趨向情緒性飲食的可能性。請參閱：van Strien, T., Snoek, H. M., van der Zwaluw, C. S., Engels, R. C. M. E. (2010): *Parental control and the dopamine D2 receptor gene (DRD2) interaction on emotional eating in adolescence*. Appetite, 54, p. 255–261。

9. Harlow的闡述源自以下論文：Harlow, H. (1958): *The nature of love*. American Psychologist, 13, p. 673–685 (p. 677)。譯文出自：Slater, L. (2005): *Von Menschen und Ratten*. Weinheim: Beltz, p. 181。

10. 關於那位男孩的案例的記述，請參閱：Bruch, H. (1961): *Transformation of oral impulses in*

eatings disorders: a conceptual approach. Psychiatric Quarterly, 35, p. 458–481。

關於Bruch的理論的進一步闡述，請參閱：Bruch, H. (1969): *Hunger and instinct*. Journal of Nervous and Mental Disease, 149, p. 91–114。

11. 關於幼兒時期對於飲食行為的影響的概述，請參閱：Birch & Doub (2014)。關於「藉食物來撫慰」這種餵食策略的最新研究出自：Cynthia Stifter: Stifter, C. A., Anzman-Frasca, S., Birch, L. L., Voegtline, K. (2011): *Parent use of food to soothe infant/toddler distress and child weight status*. An exploratory study. Appetite, 57, p. 693–699。

Stifter, C. A., Moding, K. J. (2015): *Understanding and measuring parent use of food to soothe infant and toddler distress: a longitudinal study from 6 to 18 months of age*. Appetite, 95, p. 188–196。

Stifter, C. A., Moding, K. J. (2018): *Infant temperament and parent use of food to soothe predict change in weight-for-length across infancy: early risk factors for childhood obesity*. International Journal of Obesity, 42, p. 1631–1638。

關於兒童的情緒性飲食行為的實驗，請參閱：Blissett, J., Haycraft, E., Farrow, C. (2010): *Inducing preschool children's emotional eating: relation with parental feeding practices*. American Journal of Clinical Nutrition, 32, p. 359–365。

12. Hebb, D. O. (1949): *The organization of behavior*. New York: John Wiley & Sons。

13. Bruch, H. (1991): *Eßstörungen.* Frankfurt a. M.: Fischer Verlag, p. 166。

14. David Booth或許是將情緒性飲食的現象化為學習心理學的概念的第一人，請參閱：Booth, D. A. (1989): *Mood- and nutrient-conditioned appetites.* In: Schneider, L. H., Cooper, S. J., Halmi, K. A. (ed.): The psychobiology of human eating disorders: preclinical and clinical perspectives (Band 575, p. 122–135). New York: Annals of the New York Academy of Sciences。Booth, D. A. (1994): *Psychology of nutrition.* London: Taylor & Francis。

15. 關於體重過重與肥胖的普遍性，請參閱：Sonntag, D., Schneider, S. (2015): *Gesundheitsökonomische Folgen der Adipositas.* In: S. Herpertz et al. (ed.): Handbuch Essstörungen und Adipositas (p. 380–385). Berlin Heidelberg: Springer。Boeing, H., Bachlechner, U. (2015): *Deskriptive Epidemiologie von übergewicht und Adipositas.* In: S. Herpertz et al. (p. 371–378)。關於壓力與腹部肥胖，請參閱：Björntorp, P. (2001): *Do stress reactions cause abdominal obesity?* Obesity Reviews, 2, p. 73–86。關於肥胖所引致的醫療花費，請參閱：Sonntag, D., Schneider, S. (2015)。

16. 關於暴食症的歷史，請參閱：Gordon, R. A. (2017): *The history of eating disorders.* In: K. Brownell, Walsh, B. T. (ed.): Eating disorders and obesity. A comprehensive handbook (p. 163–168).

New York: Guilford Press。

關於強烈的情緒壓力與飲食失調的形成，請參閱：Felitti, V. J. (1993): *Childhood sexual abuse, depression, and family dysfunction in adult obese patients – a case-control study*. Southern Medical Journal, 86, p. 732–736。Allison, K. C., Grilo, C. M., Masheb, R. M., Stunkard, A. J. (2007): *High self-reported rates of neglect and emotional abuse, by persons with binge eating disorder and night eating syndrome*. Behaviour Research and Therapy, 45, p. 2874–2883。

關於兒童遭受性虐待的普遍性，請參閱：Häuser, W., Schmutzer, G., Brähler, E., Glaesmer, H. (2011): *Misshandlungen in Kindheit und Jugend: Ergebnisse einer Umfrage in einer repräsentativen Stichprobe der deutschen Bevölkerung*. Deutsches ärzteblatt, 108, p. 287–294。

Wetzels, P. (1997): *Zur Epidemiologie physischer und sexueller Gewalterfahrungen in der Kindheit*. Hannover: Kriminologisches Forschungsinstitut Niedersachsen。

關於兒童時期所遭受的性虐待與飲食失調及體重過重的風險，請參閱：Caslini, M., Bartoli, F., Crocamo, C., Dakanalis, A., Clerici, M., Carrà, G. (2016): *Disentangling the association between child abuse and eating disorders: a systematic review and meta-analysis*. Psychosomatic Medicine, 78, p. 79–90。Madowitz, J., Matheson, B. E., Liang, J. (2015): *The relationship between eating disorders and sexual trauma*. Eating and Weight Disorders-Studies on Anorexia Bulimia and Obesity, 20, p.

281–293。

Noll, J. G., Zeller, M. G., Trickett, P. K., Putnam, F. W. (2007): *Obesity risk for female victims of childhood sexual abuse*. Pediatrics, 120, p. e61–e67。Palmisano, G. L., Innamorati, M., Vanderlinden, J. (2016): *Life adverse experiences in relation with obesity and binge eating disorder: a systematic review*. Journal of Behavioral Addictions, 5, p. 11–31。

17. 關於糖分促使伏隔核中的多巴胺釋放增加，請參閱：Avena, N. A., Rada, P., Hoebel, B. G. (2007): *Evidence for sugar addiction: behavioral and neurochemical effects of intermittent, excessive sugar intake*. Neuroscience and Biobehavioral Reviews, 32, p. 20–39。

針對物質成癮與肥胖的大腦刺激模式所做的比較分析，請參閱：Garcia-Garcia, I. et al. (2014): *Reward processing in obesity, substance addiction and non-substance addiction*. Obesity Reviews, 15, p. 853–869。

關於尋找巧克力的學生們的陳述，引述自德國新聞社的報導，可至以下網址閱覽：www.zdf.de/nachrichten/heute/keine-schokolade-im-haus-25-jaehriger student-randaliert-100.html（閱覽時間：二〇一九年七月七日）。

失調飲食行為的情緒

1. Seneca-Brevier (1996). Edited and translated by Ursula Blank-Sangmeister. Stuttgart: Reclam, p. 158。

2. 一位厭食症患者所做的關於飢餓體驗的陳述，參閱：Bruch, H. (1980): *Der goldene Käfig*. Frankfurt am Main: S. Fischer, p. 33–34。

3. 更多關於貪食症與厭食症的資訊，請參閱：Jacobi, C., Paul, T., Thiel, A. (2004): *Essstörungen*. Göttingen: Hogrefe。

   Fairburn, C. G. (2008): *Cognitive behavior therapy and eating disorders*. New York: Guilford Press。

   關於飲食失調在德國的普遍性，請參閱：Hilbert, A., de Zwaan, M., Brähler, E. (2012): *How Frequent Are Eating Disturbances in the Population?* Norms of the Eating Disorder Examination-Questionnaire. PloS one, 7(1): e29125。

4. 關於奧地利的Elisabeth皇后及其飲食習慣，請參閱：Vandereycken, W., van Deth, R., Meermann, R. (1996): *Hungerkünstler, Fastenwunder, Magersucht: Eine Kulturgeschichte der Essstörungen*. München: Deutscher Taschenbuch Verlag, p. 265 ff.。

5. 關於美的標準的轉變，請參閱：Stice, E., Spangler, D., Agras, S. W. (2001): *Exposure to media-*

portrayed thin-ideal images adversly affects vulnerable girls: a longitudinal experiment. Journal of Social and Clinical Psychology, 20, P. 270–288。

Sypeck, M. F., Gray, J. J., Etu, S. F., Ahrens, A. H., Mosimann, J. E., Wiseman, C. V. (2006): *Cultural representations of thinness in women, redux: Playboy magazine's depiction of beauty from 1979 to 1999*. Body Image, 3, p. 229–235。關於低熱量與高熱量的零食對於情緒的影響，請參閱：Macht, M., Gerer, J., Ellgring, H. (2003): *Emotions in overweight and normal-weight women immediately after eating foods differing in energy*. Physiology and Behavior, 80, p. 367–374。

6. Franz Kafka: *Sämtliche Erzählungen*. Edited by Paul Raabe (1987), Frankfurt am Main: Fischer Taschenbuch Verlag, p. 165。

7. 關於Franz Kafka，請參閱：Vandereycken et al. (1996), p. 265 ff.；以及Fichter, M. M. (1988): *Franz Kafkas Magersucht*. Fortschritte der Neurologie – Psychiatrie, 56, p. 231–238。

關於飲食失調的風險因子，請參閱：Jacobi, C., de Zwaan, M., Hayward, C., Kramer, H. C., Agras, W. S. (2004): *Coming to terms with risk factors for eating disorders: application of risk terminology and suggestions for a general taxonomy*. Psychological Bulletin, 130, p. 19–65。

8. 關於家庭方面對於厭食症的影響，請參閱：Karren, U. (1990): *Die Psychologie der Magersucht*. Bern Stuttgart Toronto: Huber Verlag, p. 56–58 & p. 104–106。

9. 關於在飲食失調下發生的身體變化的概述，請參閱：Brambilla, F., Montelone, P. (2003): *Physical complications and physiological aberrations in eating disorders: a review*. In: Maj, M., Halmi, K., Lopez-Ibor, J. J., Sartorius, N. (ed.): Eating Disorders. Chichester: John Wiley & Sons, p. 139–192。
10. 關於在戰俘營中及在「酵母攪打迷信」中的挨餓者的心理後果，請參閱：Paul, H. (1955): *Das Seelenleben des Dystrophikers auf Grund eigener Erfahrungen*. Stuttgart: Thieme。

克服有問題的飲食模式

1. Spinoza (1976；原版：1677): *Die Ethik. Schriften und Briefe*. Edited by Friedrich Bülow. Stuttgart: Alfred Kröner Verlag, p. 304。
2. 關於節食的影響，請參閱：Neumark-Sztainer (2017): *Wiederauftreten von Esssymptomen nach einer Behandlung*。

   Quadflieg, N., Fichter, M. (2015): *Verlauf der Bulimia nervosa und der Binge-Eating-Störung*. In: Herpertz, S. et al., (p. 63–69)。
3. 關於在飲食失調的治療中自我觀察的重要性，請參閱：Fairburn (2008)。
4. 在巴特基辛根復健中心（Rehabilitationszentrum Bad Kissingen）進行的一項隨機的對照研究

中，參加訓練的患者表示，在訓練剛結束後，還有在過了一個月與三個月後，不僅情緒性飲食行為減少了，而且在壓力情緒的處理上同樣也有所改善。此外，他們還表現出更多正念的與較以愉悅為導向的飲食行為，相對地也降低了由於食物刺激引起的易怒性。請參閱：Macht, M., Lueger, T., Herrmann, K., Franke, W., Vogel, H. (2019): *Evaluation eines achtsamkeitsbasierten Trainingsprogramms zur Modifikation emotionalen Essverhaltens in der medizinischen Rehabilitation*. Deutsche Rentenversicherung (ed.) 28. Rehabilitationswissenschaftliches Kolloquium, Deutscher Kongress für Rehabilitationsforschung, DRV-Schriften Band 117, p. 366–368。

關於訓練評估的其他研究，請參閱：Herber, K. (2014): *Auslöser und Modifikation emotionalen Essverhaltens – Feldstudien zum emotionalen Essverhalten und seiner Veränderung durch ein achtsamkeitsbasiertes Training*. Dissertation, Philosophische Fakultät I, Universität Würzburg. https://opus.bibliothek.uni-wuerzburg.de

5. 如何改善處理情緒的能力，不妨參閱：Linehan, M. (1996): *Trainingsmanual zur Dialektisch-Behavioralen Therapie der Borderline-Persönlichkeitsstörung*. München: CIP-Medien。

享受的祕訣

1. Moses Mendelssohn (2009): *Ausgewählte Werke*. Band I: Schriften zur Metaphysik und ästhetik 1755–1771. Wissenschaftliche Buchgesellschaft, Darmstadt, p. 46。
2. Singh, R. (2001): *The Dalai Lama's Book of Daily Meditations*. London: Rider Books, p. 77。
3. Macht, M., Meininger, J., Roth, J. (2005): *The pleasures of eating: a qualitative analysis*. Journal of Happiness Studies, 6, p. 137–160。

   Bergler, R., Hoff, T. (2002): *Genuss und Gesundheit*. Köln: Kölner Universitätsverlag, p. 198。
4. Brockhaus Enzyklopädie Online (2014);

   Duden Etymologie (1963), Bibliographisches Institut Mannheim。
5. Kringelbach, M. (2015): *The pleasure of food: underlying brain mechanisms of eating and other pleasures*. Flavour, 4: 20。

   關於快樂的大腦機制，請參閱：Kringelbach, M., Berridge, K. (2012): *A joyful mind*. Scientific American, 307, p. 40–45。
6. Eugen von Vaerst的話引述自：Herre, F. (1984): *Der vollkommene Feinschmecker: Eine Kulturgeschichte des Essens*. Bergisch Gladbach: Gustav Lübbe, p. 121。

7. Brillat-Savarin, J.-A. (1979；原版：1826): *Physiologie des Geschmacks*. Frankfurt am Main: Insel Verlag, p. 199, 203, 204。

8. 所引述的訪談研究係出自：Macht et al. (2005)。

9. 引述自Golms與Kramer所做的訪談，請參閱：Golms & Kramer (2004)。

10. 引述自：Bryant, F. B., Veroff, J. (2007): *Savoring. A new model of positive experience*. Mahwah, New Jersey: Lawrence Erlbaum Associates, p. 249（本書作者親譯）。

11. Robinson, E., Aveyard, P., Daley, A., Jolly, K., Lewis, A., Lycett, D., Higgs, S. (2013): *Eating attentively: a systematic review and meta-analysis of the effect of food intake memory and awareness on eating*. American Journal of Clinical Nutrition, 97, p. 728–742。

Wieser, E. (2007): *Validierung eines Fragebogens zum Essgenuss*. Universität Würzburg: Institut für Psychologie, Lehrstuhl I。

12. Lutz, R. (2017): *Euthyme Techniken (Genusstherapie)*. In E.-L. Brakemeier (ed.): Verhaltenstherapie in der Praxis (p. 236–246). Weinheim: Beltz-Verlag, p. 236。

13. 所述實地研究係出自：Bryant & Veroff (2007), p. 184–185。

14. 所引述的訪談記錄係出自：Macht, Meininger & Roth (2005)。

關於如何享用一塊奶油麵包，請參閱：von Randow, G. (2003): *Genießen*. München: Deutscher

Taschenbuch Verlag, p. 9–10。

結語：處理飲食情感的簡易指南

1. Steinbeck, J. (1984): *Der rote Pony und andere Erzählungen*. Ullstein, Frankfurt, p. 9。
2. Jäger, W. (2011): *Vorwort*. In: Zölls, D., Zirkelbach, C., Proske, B.: Meisterliche Zen-Rezepte. Kösel-Verlag, München, p. 9。

圖片來源

頁三三、四八、一〇〇、一二七、一四五、一六七、一八一、一九七：Le-Tex publishing Services根據Michael Macht。

頁六三：Rosenstein, D., Oster, H. (1988). *Differential facial responses to four basic tastes in newborns.* Child Development, 59, p. 1555-1568。

頁八十：Le-Tex publishing Services根據Michael Macht。

頁八四：此為修改過的德文版（Le-Tex publishing Services）：原圖係出自：Scherer, K. R., Shuman, V., Fontaine, J. R. J., Soriano, C. (2013). *The GRID meets the Wheel: Assessing emotional feeling via self-report.* In: Fontaine, J.R.J., Scherer, K.R., Soriano, C. (ed.): Components of emotional meaning: A sourcebook (p. 281-298). Oxford: Oxford University Press。

頁一五三、二〇〇：私人。

菓子
Götz Books

・Denken

飢餓信號！一次解開身心之謎的飲食心理學

Hunger, Frust und Schokolade: Die Psychologie des Essens

作　　者　米歇爾・馬赫特（Michael Macht）
譯　　者　王榮輝
主　　編　邱靖絨
校　　對　楊蕙苓
排　　版　菩薩蠻電腦科技有限公司
封面設計　萬勝安
總　　編　邱靖絨
社　　長　郭重興
發行人兼出版總監　曾大福
出　　版　遠足文化事業股份有限公司　菓子文化
發　　行　遠足文化事業股份有限公司
地　　址　231 新北市新店區民權路 108 之 2 號 9 樓
電　　話　02-22181417
傳　　真　02-22181009
E m a i l　service@bookrep.com.tw
郵撥帳號　19504465 遠足文化事業股份有限公司
客服專線　0800221029

印　　刷　沈氏藝術印刷股份有限公司
定　　價　450 元
初　　版　2022 年 2 月
法律顧問　華陽國際專利商標事務所　蘇文生律師

感謝歌德學院（台北）德國文化中心協助
歌德學院（台北）德國文化中心是德國歌德學院（Goethe-Institut）在台灣的代表機構，五十餘年來致力於德語教學、德國圖書資訊及藝術文化的推廣與交流，不定期與台灣、德國的藝文工作者攜手合作，介紹德國當代的藝文活動。

歌德學院（台北）德國文化中心
Goethe-Institut Taipei
地址：100 臺北市和平西路一段20 號6/11/12 樓
電話：02-2365 7294
傳真：02-2368 7542
網址：http://www.goethe.de/taipei

國家圖書館出版品預行編目(CIP)資料

飢餓信號!一次解開身心之謎的飲食心理學/米歇爾.馬赫特
(Michael Macht)著；王榮輝譯. -- 初版. -- 新北市：遠足文化事
業股份有限公司菓子文化出版：遠足文化事業股份有限公司
發行, 2022.02
面；　公分. -- (Denken)
譯自：Hunger, Frust und Schokolade : Die Psychologie des Essens.
ISBN 978-626-95271-2-0(平裝)

1. 飲食 2. 情緒 3. 心理學 4. 飲食障礙症

427.014　　111001045